2018年度教育部人文社会科学研究规划基金
基于混合现实技术的建筑文化遗产保护应用研究
规划基金项目资助

项目编号：18YJAZH134

建筑遗产数字化保护与传播
——以惠山古镇为例

章立 著

江苏凤凰美术出版社

图书在版编目（CIP）数据

建筑遗产数字化保护与传播：以惠山古镇为例 / 章
立著. —— 南京：江苏凤凰美术出版社，2023.7
ISBN 978-7-5741-1186-8

Ⅰ.①建… Ⅱ.①章… Ⅲ.①数字技术–应用–建筑
–文化遗产–保护–研究 Ⅳ.① TU-87

中国国家版本馆 CIP 数据核字 (2023) 第 141923 号

责任编辑　陆鸿雁
项目执行　王　超
责任监印　生　嫄
责任校对　吕猛进
责任设计编辑　龚　婷

书　　名　建筑遗产数字化保护与传播——以惠山古镇为例
著　　者　章　立
出版发行　江苏凤凰美术出版社（南京市湖南路1号　邮编：210009）
制　　版　南京新华丰制版有限公司
印　　刷　盐城志坤印刷有限公司
开　　本　787mm×1092mm　1/16
印　　张　11.5
字　　数　250千字
版　　次　2023年7月第1版　2023年7月第1次印刷
标准书号　ISBN 978-7-5741-1186-8
定　　价　98.00元

营销部电话　025-68155675　营销部地址　南京市湖南路1号
江苏凤凰美术出版社图书凡印装错误可向承印厂调换

目录
CONTENTS

第4章
· 沉浸式的建筑遗产空间可视化 / 76

序

在人类文明的长河中，建筑遗产是历史的见证者、文化的载体、艺术的瑰宝。它们承载着人类社会发展的智慧和努力，反映了不同时代、不同地域的文化特色和人类精神的追求。然而，随着时间的推移，许多珍贵的建筑遗产正面临着消失的危险。如何保护和传承这些无声的历史诗篇，是我们这个时代面临的重要课题。

《建筑遗产数字化保护与传播——以惠山古镇为例》一书，正是在这样的背景下应运而生。本书深入探讨了建筑遗产的历史文化价值，建筑文化遗产的保护理念，以及建筑文化遗产数字化保护的现状和未来方向。在众多的研究主题中，本书特别着重于"建筑遗产空间信息构建"以及"基于三维模型的信息系统"这两大核心议题，为读者提供了深入而系统的探讨。

在传统的保护方式中，人们主要依靠物理手段来保护和修复古建筑。随着科技的发展，数字化技术为建筑遗产的保护和传播提供了新的可能。通过数字化技术，我们可以精确地记录建筑的结构、材料、装饰等信息，实现对建筑遗产的精确复原和虚拟展示。这不仅可以有效地保护建筑遗产，还可以让更多的人通过虚拟现实等方式亲身体验和感受古建筑的魅力。

建筑遗产空间信息构建是一个涉及多学科的复杂过程，它旨在为建筑遗产提供一个全面、精确和可访问的数字化信息模型。这一过程不仅涉及到建筑学、考古学和历史学，还涉及到地理信息系统（GIS）、计算机图形学、数字化技术等领域。建筑遗产空间信息构建是指对建筑遗产的空间属性、结构、功能和历史背景等信息进行数字化处理和整合，形成一个完整、系统的信息模型。这一模型不仅可以为学者和研究者提供宝贵的研究资料，还可以为建筑遗产的保护、修复和再利用提供科学依据。空间信息构建不仅为建筑遗产提供了一个精确、全面的数字化描述，还为其保护、修复、再利用和研究提供了关键的数据支持。基于三维模型的信息系统不仅提供了丰富的数据和信息，还为用户提供了直观、沉浸式的交互体验。本书特别强调了设计友好的用户界面，以及利用虚拟现实、增强现实等先进技术提高用户的体验质量。

本书为读者搭建了一个基于三维模型的信息系统的整体框架，包括数据采集、模型构建、信息整合、系统设计和应用展示等关键环节。基于三维模型的信息系统不仅包括三维模型本身，还包括与模型相关的各种信息，如材料属性、结构分析、历史背景、使用功能等。将这些信息与三维模型相整合，用户可以方便地访问和分析所需的数据，实现对建筑遗产的全方位了解和评估。

惠山古镇作为中国历史悠久的文化遗产之一，拥有丰富的历史背景和独特的建筑风格。面向惠山古镇的三维模型的信息系统项目是一项旨在保护、传承和推广这一独特文化遗产的实验性项目。这是一项集多方面技术于一体的项目，其主要目的在于探讨和实现三维建模的各种先进技术和方法。项目涵盖了从数据采集到用户交互的全过程，包括点云数据处理、纹理映射、模型优化等三维建模技术；摄影测量、激光扫描等现场数据采集方法；以及GIS、CAD、BIM等软件在数据处理和整合方面的应用。这一系统不仅对惠山古镇的建筑遗产进行了精确的数字化再现，还为用户提供了直观、沉浸式的交互体验。项目特别关注用户界面的友好设计，以及虚拟现实、增强现实等先进技术在提高用户体验质量方面的应用。通过这一综合性的技术探讨和实践，项目不仅有助于惠山古镇文化遗产的保护和传承，还为数字化技术在文化遗产保护领域的广泛应用提供了新的思路和范例。

随着数字化技术的不断发展，建筑遗产空间信息构建将迎来更多的创新和突破。例如，通过大数据分析，我们可以更加精确地预测建筑遗产的保护风险和修复需求；通过人工智能技术，我们可以自动化地完成数据采集、处理和分析的工作；通过物联网技术，我们可以实时监测建筑遗产的环境条件和结构状态，确保其安全和稳定。

建筑遗产空间信息构建是一个既有深厚的历史和文化内涵，又充满现代科技魅力的领域。它不仅为我们提供了宝贵的知识和资料，还为我们打开了一个全新的视野和未来。保护和传承本土文化，让世界了解和欣赏我们的文化遗产，是每一个人的责任和使命。本书正是这一责任和使命的具体体现，也是我们共同的努力和追求的见证。

章立

2022年12月

第1章
绪论

1.1 建筑遗产的历史文化价值

建筑是人类文明的产物，建筑体现了一个民族在工程技术、社会发展及文化艺术等方面的成就。建筑遗产属于人类文化遗产的一部分，参考1972年联合国教科文组织的《保护世界文化和自然遗产公约》，本文对建筑遗产作出如下界定：建筑遗产是人类在不同历史时期通过营造活动创建的构造物，以及营造活动的过程及技术[1]。建筑遗产包括应用于人类各种不同活动的构造物，也包括建造过程中所应用的工艺、材料及工具等。从建筑的文化艺术价值考虑，建筑遗产还涵盖了建筑设计规划的理念、建筑所呈现出的造型风格、建筑装饰中所应用的纹样、雕刻及绘画[2]。

《中华人民共和国文物保护法》将文化遗产的价值归纳为历史、艺术、科学三个方面，这三个方面的价值还可以进行进一步的细分和界定。历史价值具有时间维度的特征，是构成其他价值的基础。

英国国际古迹遗址理事会（ICOMOS）主席费尔顿博士归纳了欧洲对于建筑遗产价值的研究成果，他在论文中提出建筑遗产的价值可以分为情感价值、文化价值和使用价值。情感价值表现为人们在历史延续、象征性以及宗教等方面的精神认同作用；文化价值主要表现在历史、考古、人类学、审美、景观与生态科学和技术等方面的价值；使用价值主要表现为建筑在功能上、经济上，以及社会及政治的价值。

本书侧重于通过数字化手段对建筑遗产的价值进行阐释和呈现，因此对于建筑遗产的价值侧重其信息属性的表达。从本书所论述的角度，建筑遗产的价值可以从以下几点进行阐述。

历史价值

建筑是人类为了满足自身生存、安全、生产活动、宗教活动以及社会活动等需求而创造的构造物。建筑是人类文明发展过程中科学技术、艺术以及哲学思想等领域所取得成就的集中体现。由于优秀的建筑物必须具备"坚固""实用""美观"等三要素，因此建筑遗产相较于其他文化遗产而言能够在更长的时间维度上保留人类文明发展的印记。建筑的物质形态以及空间结构记录了人类在工程技术领域的不断进步及发展，建筑的构造形态以及功能属性反映了不同历史时期人类的生存方式、民族风尚的变迁，建筑的形态和布局也见证了历史文献所记载的一系列事件及活动，为文献所记载的内容提供了确切的物质印证。建筑不仅记录了人类社会发展的历史进程，也是历史文化的重要载体。建筑在其所处的社会历史背景下，承载着历史的文化符号和精神内涵，代表着一种文化传承与演化的过程[3]。

文化价值

文化是一个相对复杂的概念，对文化有着各种各样不同的定义，简而言之文化代表了一个民族的生活形态。本书所讨论的建筑遗产所具有的文化价值更多地集中于人类社会生活领域，其内容涵盖政治制度、宗教活动以及民俗风尚等方面。

建筑是地域文化的代表。每个地区都有其独特的文化传统和建筑形态，建筑因此成为地域文化的代表之一。建筑的建造与使用都受到地域文化因素的影响，反过来，建筑本身也影响并塑造着地域文化的特点[4]。

建筑是文化的传承者。建筑物所包含的建筑技术、建筑风格和装饰元素等都反映了当时的文化和艺术水平，也展示了人们对美的追求和审美观念的变迁。建筑作为文化的传承者，不仅承载着过去的文化遗产，也为未来的文化传承留下了宝贵的资源。

精神价值

建筑不仅仅是人类居住、工作和活动的场所，同时也是反映民族文化的重要符号和载体。一个地域及民族的建筑经过漫长时期的发展，具有独特的结构、布局及造型特征，这些特征反映了当地民族的历史、文化和价值观念，具有明确的符号性。

建筑遗产所具有的文化意义，也体现在对民族文化和民族身份认同的促进作用。建筑遗产作为民族文化的重要组成部分，承载着民族的历史、文化和传统，反映了当地民族的精神文化面貌，展示了民族的生活方式、艺术表现和审美观念，为当地民族的文化传承和发展提供了重要的历史资料和文化资源。

一个民族的凝聚力来自人们对自身民族文化的强烈认同。一个地域及民族的建筑经过漫长时期的发展具有结构、布局及造型的鲜明特征，其形态具有明确的符号性。建筑遗产的保存和传承具有重要的民族身份认同价值。建筑遗产作为一个社会中形成集体的民族记忆，具有强烈的象征意义和文化认同。通过建筑遗产的保护和传承，人们能够了解和认识历史、文化和社会发展，从而强化对自己民族文化的认同感和凝聚力。同时，建筑遗产也是民族文化多样性和丰富性的重要体现，具有促进民族团结、和谐共处的作用。

建筑遗产对于促进民族文化和民族身份认同具有重要的意义。建筑遗产作为民族文化的重要组成部分，承载着民族的历史、文化和传统，同时也是一个社会中形成集体的民族记忆和文化身份认同的重要因素。因此，应该加强对建筑遗产的保护和传承，以保护民族文化遗产，促进文化多样性和丰富性的发展，同时也为民族文化的传承和发展提供重要的支持。

审美价值

建筑自身具有鲜明的艺术属性，是通过建筑物的结构造型、空间组织、立面形式、装饰纹样、色彩质感等方面形成的综合艺术形式。建筑遗产能够表现出不同地域文化背景下建筑艺术的审美意蕴，同时也反映出不同历史时期审美主体的审美意象[5]。

工程技术价值

建筑是人类为了谋求自身的生存和发展应对自然界的各种挑战而创建的构造体，建筑遗产表现出前人因地制宜创造性地解决各种工程技术问题的智慧。建筑遗产具有建筑学、工程力学、材料科学、土木工程、地质及气候科学等多学科的研究价值。

建筑遗产作为历史和文化的见证，是人类文明发展史上的重要遗存，不仅反映了人类的文化、技术、生产、生活等多方面的成就，而且具有重要的研究价值。建筑遗产的研究可以揭示出历史上的建筑工艺、建筑设计、建筑结构等方面的知识，对于现代建筑的设计和施工具有重要的借鉴意义。此外，建筑遗产的保护和修缮也需要多学科的知识和技能，涉及建筑学、文物保护、材料科学、结构工程等多个领域。因此，建筑遗产的研究和保护不仅有助于传承和发扬人类文明，也有利于推动相关领域的学术和技术进步。

使用价值

2015年颁布的《中国文物古迹保护准则》中指出："合理利用是保护文物古迹在当代社会生活中的活力，促进文物古迹及其价值的重要方法。"对建筑遗产进行利用的主要形式是"展示、延续原有功能和赋予适宜的当代功能"。同时，建筑遗产也是重要的旅游资源，具有重要的经济价值。

建筑遗产在当代社会中的合理利用既要考虑文物保护，又要考虑社会和经济效益。一方面，建筑遗产的保护需要有恰当的措施来维护其完整性、真实性和可持续性；另一方面，建筑遗产的利用也需要考虑社会和经济效益，比如通过开发旅游业、商业和文化活动来为当地居民和游客创造更多的就业机会和经济收益。

在展示方面，建筑遗产可以通过博物馆、文化馆等机构的展览来向公众展示其历史和文化价值，增强公众的历史文化意识。在延续原有功能方面，可以将建筑遗产用于类似博物馆、文化馆等的公共文化场所，使之延续历史的文化功能。在赋予适宜的当代功能方面，可以对建筑遗产进行改造，赋予其新的功能。

同时，建筑遗产也是重要的旅游资源，吸引着大量游客前来参观。对于当地经济而言，建筑遗产的旅游价值是不可忽视的。通过开发旅游业，可以为当地居民和游客创造更多的就业机会和经济收益。但是需要注意的是：在开发旅游业的同时也要注意文物保护，避免过度开发造成文物破坏。

总之，建筑遗产作为文化遗产的一部分，不仅具有重要的历史文化价值，同时也具有重要的社会和经济价值。对于建筑遗产的保护和利用，需要平衡考虑文物保护和社会经济效益的关系，实现其在当代社会生活中的活力和发展。

1.2 建筑文化遗产的保护理念

建筑文化遗产保护是一个世界范围内被广泛关注的问题，从西方文艺复兴运动以来关于建筑遗产的研究经历了漫长的历史时期，人们对于建筑遗产的价值认知与保护理念得到了不断的丰富和演变。罗马帝国初期著名建筑师和工程师，建筑学科的奠基人之一维特鲁威的《建筑十书》中提出，建筑应当满足实用、坚固、美观三个特点。阿尔伯蒂在书中还提出历史建筑固有的建筑质量、坚固性、美观性、教育价值及历史价值使得它们值得被保护。18世纪的欧洲大陆诞生了一批民族国家，基于对民族文化的认同人们意识到文化遗产保护的重要性。同时在法国启蒙运动的理性思潮影响下，逐渐产生了对于文化遗产"普遍性价值"的认同。例如18世纪意大利人对赫库兰尼姆、庞贝与斯塔比伊的遗址进行了考古挖掘并作出了较为详细的调查报告，初步形成了较为系统的保护理念。19世纪中期学者们对于建筑遗址的修复原则进行了大量的讨论，这一时期主流的建筑遗产保护策略是"历史建筑最佳保护策略是'维护保养'，应尽量采用原有样式，已经退化的原始材料用同样类型和样式的新材料予以替换，用原工艺进行施工"。第二次世界大战以后联合国教科文组织（UNESCO）、国际古迹遗址理事会（ICOMOS）等国际组织的成立极大地推动了文化遗产保护事业的发展。20世纪后半叶，由国际组织共同发布的《威尼斯宪章》《保护世界文化和自然遗产公约》《内罗毕建议》等一系列纲领性文件为文化遗产保护领域提出了重要的指导性原则和方法。

1964年5月，联合国教科文组织在意大利威尼斯召开了第二届历史古迹建筑师及技师国际会议。会议通过了《保护文物建筑及历史地段的国际宪章》，又称为《威尼斯宪章》。《威尼斯宪章》的内容是基于1931年第1届国际历史古迹建筑师及技术专家国际会议提出的《雅典宪章》，提出了文化遗产的价值概念以及文化遗产的保护方法与文化遗产的保护原则。《威尼斯宪章》的基本理论源于文化遗产保护界的意大利学派的思想观念，并在其基础上加以系统严谨的阐述。

《威尼斯宪章》对文化遗产保护事业的发展具有重要的意义，在它的内容中明确了建筑遗产保护的理念和科学的操作规范，已经成为国际范围内建筑文化保护领域宪法性的纲领文件。作为《威尼斯宪章》和《雅典宪章》理论来源的意大利学派的建筑遗产保护理念主要包括以下几个方面。

意大利学派的理论

1.文物建筑具有多方面的价值，所以保护工作不能只着眼于构图的完整或风格的纯正，而是要保存它所携带的全部历史信息。

2.要保护全部的历史信息并使其清晰可读。历史上添加、改动的部分是文物建筑的原真性的重要部分，是其生命中的积极因素。

3.为必需所补足的部分，必须与原来所用的材料不同、特点不同，容易识别也容易去掉。

4.反对片面追求恢复文物建筑的初始风格。修缮者要客观地、无个性地研究文物建筑。

5.保持文物建筑的原有环境。

自《威尼斯宪章》诞生以来原真性和完整性一直是文化遗产保护领域的基本内容。原真性和完整性是世界遗产保护领域的核心理念，是世界遗产申报、遗产价值评估、遗产保护和环境整治的直接依据[6]。

建筑遗产的"原真性"，是指构成建筑遗产的各方面综合特征与该建筑物最初建造时的状态在一定程度上保持"原样"，建筑遗产的各方面状态是原初的、真实的、可信的。建筑遗产"原真性"原则的主要目的是尽可能地保留建筑物所具有的历史信息不被破坏和篡改。依据《实施世界遗产公约操作指南》对文化遗产的真实性进行判断的标准，建筑遗产的原真性可以从以下方面进行评价。

外形和设计

这一点主要指建筑遗产的外观形象、空间布局、造型风格，以及装饰构件、纹样色彩等因素和建筑物原初的形式保持一致。

材料和实质

建筑遗产的承重结构以及主要构件如柱子、梁、枋、墙体、屋面、砖瓦以及装饰构件的形制和所使用的油漆等材料都应保持和建筑物原初的用料情况一致。如果因为维护的需要对原建筑物进行加固，应当尽可能使用现代的结构和材料工艺，避免后人在获取历史信息时产生混淆。

用途和功能

建筑的形态布局是与其使用功能属性密切相关的。建筑遗产的保护应当尽可能地保留其原初的使用功能属性，对建筑遗产进行合理的再利用应当在尽可能地避免对原有建筑的结构布局、功能属性产生不可逆影响的前提下进行的。

传统工艺

建筑物的建造工艺以及建筑构件和建筑材料的加工工艺都是建筑遗产保护的重要内容之一。使用现代工艺进行建造和加工都会使建筑遗产的造型结构和呈现出的风格韵味产生明显的或微妙的差异，从而破坏建筑遗产的历史价值。

地域和环境

建筑的设计、建造和所处的地域文化、自然环境以及风土人情，都有着密不可分的联系。任何使建筑遗产与其所处的环境产生割裂的行为都将对建筑遗产的价值产生极大的损害。比如对建筑本体进行整体的搬迁，或者是对建筑遗产的周围环境进行现代化的改造，都会使建筑遗产与其周围环境处于毫无联系的状态。

精神和情感

建筑具有明确的精神属性。建筑遗产的空间造型以及平面布局，都映射出人类社会在某个特定的历史时期，在社会生活中和日常生活中所追求的精神需求。建筑空间是一种精神场所，它被赋予了社会、历史、文化和人类活动的特定含义。因此在当今对建筑遗产进行宣传推广，以及赋予它景观价值的时候，应当尊重建筑遗产原初的场景精神和建筑遗产所属特定历史时期人们的情感特征。

原真性原则

1994年11月，世界遗产委员会在日本奈良召开会议，讨论了关于遗产保护中的原真性的问题。会议制定了关于原真性的《奈良文献》，《奈良文献》的内容强调了文化多样性的重要性，文化遗产保护中的原真性原则应当尊重文化遗产所属的文化环境。

原真性是建筑遗产保护和评价的基本标准。由于建筑遗产的类型和环境的复杂性，建筑遗产的原真性并没有详细的标准，针对每一个特定的建筑遗产应当根据其自身特有的自然地域环境历史文化特征，制定符合原真性原则的保护策略。

完整性原则

文化遗产的原真性是完整性的前提，完整性是建立在原真性的基础上的。在《实施〈世界遗产公约〉操作指南》中对于文化遗产的完整性原则有着明确的论述。

依据《操作指南》的内容，建筑遗产的完整性应当符合以下标准：

1.建筑遗产自身的完整性。

建筑遗产的保护强调建筑物本身结构、构造和独特的建筑特征的重要性，要求对于腐化侵蚀等自然过程的影响进行控制。除此之外，保存建筑遗产全部价值所必需的其他重要因素，包括建筑群之间的关系以及功能属性等，也应当得到完整的保护。因此，保护建筑遗产不仅仅是简单地保存建筑本身，而是要从多个方面综合考虑，以保证它们的历史和文化价值得以完整地传承下去。

2.对建筑遗产设计建造，以及历史演变过程的完整记录。

建筑遗产所具有的历史价值在于其历史信息的动态变化过程，其中也包含了历史上人类活动对其所造成的损害。历史上对建筑遗产形成的损毁痕迹，以及曾经的重建和维修都包含了丰富的历史信息应当完整地予以保存。对于建筑遗产相关的文献记录，以及建造过程的文档及影像资料，施工过程建造工艺的记录文档，都构成了建筑遗产完整性的重要内容[7]。

1.3 建筑文化遗产数字化保护现状

1.3.1 建筑文化遗产数字化保护的必要性

随着工业和技术的进步，许多历史性建筑正在遭受各种各样的破坏。其中一些建筑遗产因自然老化、年久失修或已成遗址，而另一些则因自然灾害（如风化、地震、洪水等）而遭受不可逆转的损坏。此外，人为因素（如过度使用、战争、城市更新和建设等）也在威胁着许多遗产地区的古建筑。当代城市更新和重新修建也导致一些建筑物的原真性缺失或完全丧失。在传统的建筑遗址修缮工作中，由于资金和技术条件的限制，很难进行准确和真实的修复工作，导致抢救和保护工作的困难。

然而，随着科技水平的提高，应用数字化科技手段来复原和修缮历史建筑物已成为一种趋势。这种方法不仅可以降低后期维护的成本和难度，还可以减少人为破坏，对历史建筑进行解读和重构，最大限度地保护其历史价值和文化价值。

结合数字化研究，可以对建筑文化遗产的实物资料、史料资源以及相关的数据文件进行统一记录和保存，并对数据进行备份，最大限度地体现文化遗产保护的"原真性"原则，保护古代建筑物及其周围环境的"信息遗产"。

历史建筑物具有不可替代的文化意义，包括建筑本身的体量、结构和材质特征，以及建筑所代表的艺术、人文和社会价值。在建筑物的修复过程中，往往会出现美学、历史和技术等多方面的冲突。传统的保护方式将历史文化信息藏于博物馆中，使得其与原有的建筑空间分离，导致整体观念的分离。此外，建筑遗产所传达的信息比较复杂，遗址的物质实体难以完全表现其全部文化内涵。建筑遗产的展示方式比较单一，缺乏文化体验感和互动性，很难得到大众的认可。因此，保护和展示建筑遗址需要现代科技的介入，以更好地保护、诠释和展示遗址的物质和非物质层面。

数字技术的引入给建筑遗产保护带来了全新的方式，可以基于相关文献的记载和建筑本体来呈现遭到损坏或已不存在的建筑细节，模拟周边的历史环境和人类活动场景，并通过多感官的互动展示方式，将文化研究、生活、环境和旅游等领域相结合。建筑遗址的保护、诠释和展示应该涵盖建筑的物质和非物质层面，去获取、理解和利用先贤为文化所贡献的真理和智慧。近年来，建筑遗产的保护领域已经逐渐扩展到历史村镇、文化路线、乡土建筑和文化景观等，越来越重视建筑遗址的独特个性和非物质层面，数字化技术的介入也引发了传统建筑保护方式和存在形态的重新思考[8]。

数字化技术在建筑文化遗产保护方面具有重要作用，它可以帮助我们更好地保存建筑文化遗产的历史和文化价值，并为建筑专业人士提供整合信息的研究工具。此外，数字化技术还能提高旅游者的满意度，加强学校的建筑教育和公众文化宣传。

在建筑文化遗产保护中，数字化技术可以帮助我们更好地了解建筑的历史和文化意义。通过数字化技术，我们可以对建筑物进行精确的测量和记录，并将这些数据进行整合，以便建筑专业人士进行深入的研究和分析。数字化技术还可以帮助我们更好地保护建筑文化遗产，确保它们的保护工作遵循保护原则，包括可持续性、可行性和最佳实践等原则。

数字化技术还可以提高旅游者的满意度。通过数字化技术，旅游者可以更加深入地了解建筑文化遗产的历史和文化背景，使他们更加愿意参观和了解这些文化遗产。此外，数字化技术还可以提供虚拟游览的机会，使那些不能亲身到访建筑文化遗产的人也能够领略建筑的审美价值和历史文化内涵。

数字化技术还可以加强高等院校的建筑教育和公众文化宣传。通过数字化技术，学校可以提供更加全面和深入的建筑教育，包括建筑历史、建筑技术和建筑文化等方面。数字化技术还可以为公众提供更加全面和深入的文化宣传，帮助他们更好地了解和欣赏建筑文化遗产的价值[9]。

1.3.2 建筑遗产数字化保护的总体原则

从《雅典宪章》到《威尼斯宪章》，文化遗产保护领域所关注的问题多聚焦于通过工程技术的干预，使得文化遗产在物理上能够得到安全的保存。近年来文化遗产保护领域更多地将研究的重点聚焦于遗产的社会价值、精神价值以及保护过程中的文化责任。1999年，澳大利亚国际古迹理事会通过了《巴拉宪章》。在《巴拉宪章》的内容中强调了文化的重要性，对于文化遗产的保护方式，除了构造、维护、保存、修复、重建及改造等针对文化遗产物质手段的保护形式以外，还增加了一种新的保护方式"诠释"。"诠释"是指展示某一产地文化价值的所有方式[10]。

　　建筑遗产保护所涉及的内容是多方面和多角度的,在保护和研究工作中需要搜集整理大量不同形态、不同属性的遗产信息,并在此基础上作出科学合理的决策。在数字时代的今天,研究工作中所使用的数字技术往往起到了重要的作用,几乎所有文化遗产保护领域的工作都是由数字工具辅助完成的。无论是信息的采集、整理、分析、存储、传输以及传播展示,数字技术都是遗产保护工作的重要支撑。数字化的发展趋势,使得文化遗产保护已经成为一个跨领域、跨学科的协同工作。数字化对于文化遗产的研究、保护和传播而言已经不再是一个选择,它已经成为一个必然的现实。

　　无论是对于研究者还是公众,数字技术都重新定义了人们与文化遗产的接触方式,它使得人们能够以更便捷的形式接触到历史上祖先遗留下来的璀璨的文明。人们可以跨越地理、宗教、文化和学科的边界,体验文化遗产所具有的魅力。学者们可以拥有更强大的数字工具,从而挖掘文化遗产所蕴含的历史信息。

　　根据欧洲博物馆组织网络数字化和知识产权工作组2020年的调查报告,43.6%的馆藏文物已经数字化,其中75%的博物馆馆藏数字化是为了增加访问和教育用途,超过65%的博物馆数字化馆藏目的是为研究人员提供研究资源。在这份调查报告中也指出,博物馆急需更多的资源,对馆藏文物进行三维数据化的采集,从而满足文物对象多样性的信息特征。

　　数字技术能够应用于建筑遗产保护的各个阶段,针对遗产保护的各种情况和不同需求有着不同的技术应用方式。数字化遥感技术能够在研究早期对历史建筑进行非接触式的快速探测。多光谱探测系统或者探地雷达甚至是多光谱卫星图像都能够对研究对象进行地下或水下的快速定位。摄影测量法、地面激光扫描和数字成像等非接触式勘测技术,能够采集到精确的三维点云数据,从而通过对三维模型的优化,应用于后续的三维虚拟渲染和研究的可视化。对所采集的数据构建可交互的数据库,从而实现对建筑遗产数据的管理和检索。应用三维虚拟交互技术能够使公众在博物馆或线上以游戏化的交互形式获得文化遗产的审美体验,并感知其蕴含的文化内涵。虚拟现实及混合现实技术的应用,也能够帮助研究者在沉浸式的虚拟空间中获取所需要的历史信息并对研究对象形成新的认知。

伦敦宪章

　　随着数字技术在文化遗产保护领域的广泛应用,尤其是三维可视化技术的迅猛发展,文化遗产保护领域的学术界意识到虽然数字化技术对文化遗产保护的工作起到了重要的推动作用,但是通过数字化三维虚拟的方式对遗产进行诠释的过程中,不准确甚至是错误的操作流程和方法很有可能引起对文化遗产本体错误的解读,不规范的操作流程也会导致文化遗产历史信息透明度的缺失。这种缺失会严重地损害研究成果的准确和有效性。在对文化遗产进行传播的过程中，数字化虚拟数据的微小差错也会在多次传播后被放大，形成对文化现象本身错误的理解和认知。学者专家们一致认为：多个领域必须达成明确的共识使数字可视化技术和学术研究的专业规范保持一致。

2006年，伦敦大学国王学院可视化实验室举办了一次三维视觉研究成果透明化研讨会。与会专家讨论了数字可视化方法应用于文化遗产保护的理念和规范的实施方案，目的在于达成一个跨学科的国际共识。经过4年的讨论和修改，最终于2009年推出了《基于计算机的文化遗产可视化伦敦宪章》简称《伦敦宪章》。在数字时代的今天，《伦敦宪章》对于文化遗产保护领域具有里程碑的意义，为数字化保护这个跨学科的领域提供了权威的指导性纲领[11]。

为了提高数字遗产可视化在技术上的严谨性和信息上的透明性，《伦敦宪章》所提出的一系列准则中主要包含了以下几个方面：一致性及清晰性、可靠性、材料记录可持续性和易及性。

《伦敦宪章》中所述的一致性准则可以理解为：基于计算机的数字可视化方法应用于文化遗产保护的过程中，无论是在数据的获取、展示和传播过程中，所诠释的历史信息必须与文化遗产本体保持一致。应用数字技术的文化遗产保护项目中，所应用的文化遗产研究来源必须经过相关专家的认可，同时经过系统的评估，确保信息的权威性和严谨性。

宪章中所提出的清晰性，可以理解为在基于计算机的数字可视化虚拟对象中必须明确在过程中所应用的技术细节在获取原始数据的过程中，应当建立完善的文件体系和数据库，对文件内容进行尽可能详细的标识，清晰准确的记录，用于生成数字化虚拟对象的信息来源，为后续的研究提供可靠的数字资产。

宪章明确了可持续发展的准则。文化遗产中数字可视化的研究成果是以数据的形式保存在存储介质中的，研究成果的存储介质应当有合理的备份，以防止数字资产的损坏、丢失并且能够恢复和重建；同时，所保存的文件格式也应当确保在今后长期的研究中能够顺利地使用。针对文化遗产的数字可视化系统在设计策略上应该满足后续开发和研究的可能性。

宪章中所提出的易及性可以理解为面向文化遗产的数字可视化系统及其相关文件，在设计和创建过程中应当考虑根据其开发目的，确保更多的使用者在访问和浏览该系统及文档时具有良好的用户体验，能够便捷地获取所需要的历史信息。在文化遗产的数字可视化研究中还应当考虑研究成果应用于公众传媒，通过文化传播从而实现文化遗产的精神价值。

1.3.3 建筑遗产数字化保护的国内外研究现状

浙江大学在2009年开始进行国家重点基础研究发展计划（973计划）研究项

目，其中包括《混合现实的理论和方法》以及《文化遗产数字化保护的理论与方法》两个大型项目。其中，李清泉主持的《文化遗产数字化保护的理论与方法》由清华大学、武汉大学、浙江大学和敦煌研究院联合承担，共分为六个子课题。这些子课题分别为："复杂几何对象高精度数字化重建理论与方法""文化遗产色彩的反演与再现""数字化文化遗产的多元数据检索与知识发现""雕塑、壁画类文化遗产的虚拟复原""文化遗产的个性化自适应展示方法""文化遗产保护的方法验证与典型示范"。这些项目不断推进了国内数字化保护研究的发展。

2019年，学者铁钟在其文章《文化遗产信息模型的虚拟修复》中提出，研究信息技术的发展对文化遗产诠释与展示产生了深远的影响，数字化保护及其理论研究成为跨学科与综合性的研究方向。随着文化遗产信息模型与三维可视化技术的不断深入，沉浸式与交互式的三维可视化设计改变了受众感知历史信息的方式。但是，由于可视化内容无法评估来源和引用参考文献，使得大多数信息模型被认为是一种技术工具，而不是作为一种标准的档案文件为相关研究提供佐证。因此，这个新兴的研究领域需要建立自身的科学性与规范性。首先从现代文化遗产保护发展史切入，对现行保护原则进行了分析，从历史文化价值认知的角度提出了虚拟修复研究的必要性。其次，数字技术的思维模式不同于人类的思维模式，计算的过程忽略了情感和精神的价值，但要实现价值理性，必须以工具理性为前提。因此，需要在全面的文献和实证基础之上，对虚拟修复的技术思维模式进行内容判读，建立起虚拟修复的理论体系，并将其应用到文化遗产的数字化保护与传播中[12]。

学者李德仁在《虚拟现实技术在文化遗产保护中的应用》一文中提到，目前我国文化遗产保护工作中存在着过度旅游、人为破坏、措施不力等问题。为了解决这些问题，文章提出了利用虚拟现实技术构建虚拟旅游项目的建议。这种项目可以在保护文化遗产的同时，有效地缓解文化遗产保护与价值利用之间的矛盾。通过虚拟现实技术，游客可以在虚拟环境中感受到真实文化遗产的氛围和内涵，同时也可以避免对实际文化遗产的过度消费和破坏。文章认为，虚拟现实技术在文化遗产保护中具有广阔的应用前景，并呼吁相关部门和机构加强对该技术的研究和应用，以促进文化遗产的保护和传承[13]。聂有兵在《虚拟现实：最后的传播》一文中，探讨了虚拟现实技术对未来生活的影响，并指出虚拟现实技术在媒介传播方面具有天然的优势[14]。另一篇文章是东华大学董岳的《虚拟建筑文化遗产的"艺术性"与"真实性"》，强调了虚拟建筑文化遗产中"艺术性"与"真实性"之间的辩证关系，只有同时兼备两者，建筑文化遗产才能更好地发挥其艺术价值和文化价值。这些文献资料为本文在虚拟现实技术相关方面的研究提供了一定的理论依据[15]。

我国在虚拟现实技术应用于建筑文化遗产保护领域有过一些成功的实践，通过虚拟现实技术，故宫与敦煌研究院等文化遗产机构推出了多个虚拟体验项目，让观众可以以前所未有的方式感受历史文化的价值与魅力。这些实践项目不仅融合了文创与数字技术，而且通过虚拟现实技术实现了沉浸式的虚拟体验，打破了时空的界限，让观众感受到了丰富的感官反馈。

我国也积极开展了以虚拟现实技术为基础的建筑文化遗产保护项目实践。例如，故宫利用虚拟现实技术推出了"故宫VR体验馆"和《朱棣建造紫禁城》等虚拟现实项目，将文创与数字技术相结合，以文化遗产的"原真性"为基础，进行了创新的艺术重构。同时，敦煌研究院推出的"数字敦煌"项目也是一次成功的尝试，通过高清数字图像和虚拟漫游内容，为观众呈现了丰富的沉浸式虚拟体验，展现了敦煌石窟的艺术价值。

近年来，我国的建筑遗产数字化保护领域不断推进，北京理工大学王涌天教授及其研究小组在《增强现实技术在文化遗产数字化保护中的应用》和《基于增强现实技术的圆明园景观数字重现》中详细介绍了AR技术在遗产保护中的独特优势。AR技术可以将虚拟信息与实景融合，为遗产保护提供了更加直观、立体的呈现方式。其中，研究小组针对圆明园西洋景区遗址进行了三维数字重建，并成功地将AR技术应用于遗址的实景上，实现了虚拟复原。这项研究成果不仅是国内最早探索AR技术在建筑遗产保护中应用的研究之一，也是针对户外增强现实系统的研究案例之一，为保护和传承我国的文化遗产提供了全新的思路和方向。同时，这项研究也提供了有益的参考和借鉴价值，对于推动数字化技术在文化遗产保护领域的应用与发展具有重要意义。

敦煌莫高窟是我国重要的文化遗产，其中的石窟艺术在世界文化史上具有重要的地位，被誉为"东方艺术宝库"。然而，由于长期的开放和游客的涌入，这些珍贵的文化遗产也受到了严重的威胁和损害。为了保护敦煌莫高窟这一重要的文化遗产，国家采取了一系列物理保护措施，如将洞穴中的壁画和雕塑用玻璃箱保护，要求参观者在浏览时和壁画保持一定的距离，同时洞穴内的光源极弱。这些保护措施的出发点是为了保护这些文化瑰宝，但同时也限制了游客的实地浏览。

因此，敦煌莫高窟文化遗产数字化的保护、展示与传播的应用研究就显得尤为必要。2014年，敦煌莫高窟数字展示中心正式启用，借助现代数字技术并结合多媒体的展示方式，缓解了文化遗产保护与旅游业之间的矛盾。其中，展示内容包括"数字敦煌"和"虚拟洞窟"，这些数字化展示让游客可以了解更多的文化背景和历史背景，不再局限于现实中的局限性。

2016年，Kenderdine设计的《纯净之地：敦煌莫高窟》AR展览更是将数字化展示推向了新的高度。这个AR展览通过让观看者置身于一个接近原洞穴大小的重建场景中，并结合AR技术重现UNESCO世界遗产名录中敦煌莫高窟的场景，极大地增强了游客的沉浸感。观看者可以近距离地欣赏洞穴中的文化瑰宝，其中的壁画和雕塑细节可以通过iPad实时查看，具有极高的清晰度和真实度。

同时，该数字展览还为敦煌莫高窟的文化遗产保护和传播带来了新的可能性。通过数字化技术，展览不仅可以更好地保护洞窟内的壁画和雕塑，同时也可以让更多的观众了解和欣赏这些文化宝藏。此外，数字展览还为文化遗产研究提供了更多的资料和途径，为学术研究和教育教学提供了新的思路和手段。

近年来，随着数字技术的不断发展，越来越多的文化遗产开始采用数字化技术进行保护和展示。这些数字化技术不仅为文化遗产保护和传播带来了新的可能性，同时也为数字化产业的发展提供了新的动力。未来，数字化技术在文化遗产保护和传播中的应用将会越来越广泛，成为文化遗产保护的重要手段和工具。

2017年，敦煌莫高窟开始应用虚拟现实技术，让游客戴VR眼镜，进入虚拟的洞穴空间，以更自由的方式欣赏洞穴中的壁画。游客可以自由地在洞穴中移动、旋转，观察不同方位的壁画，通过控制视点的位置，放大壁画的细节，更好地了解其中蕴含的文化。这种虚拟漫游方式大大提高了游客的现场体验。

美国和意大利的学者于20世纪开始对文化遗产的数字化保护展开研究。保罗·赖利在1990年提出了虚拟考古学的概念，这标志着考古学中解释思考模式发生了重大转变，并开始向视觉化交互方向转变。爱丽丝·沃特森的文章对于视觉解释的主观性和可视化技术的评估进行了多层次的论证。尤金·尝在他的文章中分析了虚拟现实技术在修复、保存、重建和可视化等领域的应用，并探讨了数字时代视觉化认知的模式和管理保存方面的挑战。马克·吉林斯在1999年的CAA会议上发表了关于虚拟现实应用所出现的问题的文章。数字重建已经成为数字时代考古重建的一个重要领域，而虚拟考古学的概念正在逐渐发展。莫里吉奥·福特提供了关于虚拟现实技术在考古学中应用的完整概述。虚拟考古学的发展虽然没有像预期的那样改变考古实践，但数字视觉技术在考古学和文化遗产中的应用正在逐步发展。

国外在虚拟现实技术方面的研究已经有近80年的历史。起初，虚拟现实技术主要应用于军事领域的虚拟仿真训练项目中。随着时间的推移，虚拟现实技术逐渐从军用转向民用，同时虚拟现实设备也经历了多次更新和改进，从早期的体积巨大的"达摩克利斯之剑"原型设备，逐步发展成如今轻量化、成熟化的民用级虚拟现实设备，例如HTC Vive、PlayStation VR、Valve Index VR等。奥地利艺术史学家奥利弗·格劳在其著作《虚拟艺术》中，追溯虚拟现实艺术的美学发展，并探讨虚拟现实技术如何创造出虚拟空间，为观众提供沉浸式的感官体验。美国心理学教授吉姆·布拉斯科维奇则从心理学和传播学的角度，详细阐述虚拟现实技术对我们的认知和心理产生的影响，这也是当前国外虚拟现实技术领域的一个热门研究方向[16]。

在虚拟现实领域，国外比国内起步更早，因此在实践研究方面有着更为长足的发展。文化遗产保护领域是专家学者们在虚拟现实技术中的应用重点，例如2018年CyArk公司与Oculus合作开发了VR应用《Masterworks:Journey Through History》，允许用户借助虚拟现实设备探索世界各地的著名历史遗迹和地标建筑，包括泰国古代的首都阿尤特塔亚和秘鲁瓦哈德神庙等。该应用提供了高精度、高沉浸感和可交互的虚拟现实游览体验。此外，2019年Google与凡尔赛宫合作，数字重现了凡尔赛宫自路易十四时期起的部分建筑和文物藏品，并推出了VR应用《Versailles VR》。观众能够身临其境地游览数字重现的凡尔赛宫殿，欣赏建筑、装潢、雕塑和画作，探索路易十四时期的凡尔赛宫。

AR Magic Story Cube是由新加坡国立大学电子与计算机工程学院的Zhiying Zhou等人设计的一个项目。该项目结合增强现实技术和交互式三维动画，让用户通过头盔式显示器感受情境中的故事，并能够真实地感知体验。具体而言，该项目利用AR技术将虚拟的三维数字景象叠加在真实物理场景中，让用户可以在现实场景中与虚拟元素进行互动。这种交互式的体验方式不仅能够激发用户的探索欲望，还可以使用户更加深入地了解文化遗产的历史背景和文化内涵。

Archeoguide是一个典型的数字化技术在建筑遗产保护领域的研究案例，于2001年推出。该项目主要由三个部分组成：无线网络、计算机服务器和智能设备。通过将三维图像叠加在希腊神庙和奥林匹克运动场上，让观看者可以透过智能设备，清晰地看到虚拟的数字化三维遗产建筑模型与实际景观虚实融合的视觉效果。该技术可以让人们更加直观地了解遗产建筑的历史和文化，同时也可以更好地保护遗产建筑的完整性。

德国的Fraunhofer研究小组开发了一个增强现实（AR）项目，可在手持设备上使用。该项目主要针对柏林墙的历史变迁进行呈现。用户需要使用超迷你个人电脑（UMPC）对该遗址进行拍摄，然后就可以展示出当年的风貌。该项目的主要特点是将虚拟数字内容与实际场景相结合，让用户能够更好地理解历史场景。

瑞士隆德大学考古和古代史系的学者Danilo M.Campanaro和Giacomo Landeschi教授完成了庞贝古城的虚拟复原项目，旨在通过视觉呈现的方式，展示庞贝古城在灾难之前的活态传统文化。该项目使用了虚拟现实技术和数字重建技术，将古城中的建筑、街道、公共场所等进行数字化重建，并添加了生动的视觉元素，例如人物角色、动物、植物等。用户可以通过虚拟现实头戴式显示器，身临其境地体验古城的日常生活场景，例如市场、庭院、浴池、剧院等，以及各种社交活动、文化娱乐等。此外，该项目还结合了学术研究成果，例如考古学和历史学领域的知识，通过多种视觉和声音等手段，为用户提供了更加深入地了解和认识古城的机会。该项目不仅提供了一种新的展示方式，同时也为文化遗产的保护和传承提供了一种新的思路和手段。

1.4 建筑遗产虚拟交互的相关概念

1.4.1 建筑遗产保护中的虚拟现实技术

随着数字时代计算机技术的迅猛发展，虚拟现实技术在过去的十多年中得到了长足的发展。

"虚拟现实"即 Virtual Reality，简称 VR，是用计算机技术生成一个逼真的三维视觉、听觉、触觉或嗅觉等感觉世界，让用户可以从自己的视点出发，利用自然的技能和设备对这一生成的虚拟世界进行浏览和交互考察。由于其独有的多感知性、沉浸感、交互性及自主性，虚拟现实技术已经广泛应用于航天、军事、医疗、教育甚至游戏领域。

虚拟现实实时的三维空间表现能力、人机交互的操作环境以及给人带来的身临其境的感觉，一改人与计算机之间枯燥、生硬和被动的现状，不但为人机交互界面开创了新的研究领域，为智能工程的应用提供了新的界面工具，更为各类工程的大规模的数据可视化提供了新的描述方法。同时，它还为人们探索宏观世界和微观世界以及种种原因不便于直接观察的事物的运动变化规律，提供了极大的便利。例如可以将某种概念设计或构思可视化和可操作化，实现逼真的表现现场效果。因此，有关人士认为：20 世纪 80 年代末是个人计算机的时代，90 年代是网络、多媒体时代，而 21 世纪初则将是 VR 技术的年代。

这种技术的特点在于计算机产生一种人为虚拟的环境，这种虚拟的环境是通过计算机图形构成的三维数字模型，并编制到计算机中去生成一个以视觉感受为主，也包括听觉、触觉的综合可感知的人工环境，从而使得在视觉上产生一种沉浸于这个环境的感觉，可以直接观察、操作、触摸、检测周围环境及事物的内在变化，并能与之发生"交互"作用，使人和计算机很好地"融为一体"，给人一种"身临其境"的感觉。

作为一种成熟的数字可视化工具虚拟现实技术在建筑遗产保护中能够起到重要的作用，通过应用虚拟现实技术，遗产保护的研究者能够将多样化的建筑遗产的历史信息，呈现在虚拟空间中。凭借先进的计算机图形技术，建筑遗产的空间结构、纹理材质以及光影色彩，都能够在虚拟空间中得以真实的再现。虚拟现实技术为建筑遗产保护提供了一个完整的历史信息保存和呈现的解决方案。

虚拟现实技术具有四个基本特性：多感知性、沉浸性、交互性和构想性，这四种主要特性在建筑遗产保护领域中都得到了充分的体现。

虚拟现实系统沉浸性特征的形成主要是通过将交互主体的视觉听觉及其他感官与所处的真实物理空间隔离，然后通过头戴式显示设备，或者是 CAVE 及 360° 环绕的显示空间，来提供一个完全真实感的虚拟空间显示，同时通过耳机或者其他高保真的音响设备提供真实的声音环境，为体验者提供一个身临其境的虚拟空间体验。通过使用空间位置追踪设备，或者是动作捕捉设备，体验者能够在虚拟空间中自由地穿行，全方位地在建筑遗产空间中进行自主的观察。

虚拟现实系统能够为交互主体提供多样化的感知体验，使用者在建筑遗产的虚拟空间中除了具有视觉感知之外，还可以具有听觉感知、力觉感知、触觉感知及运动感知。交互主体的身体感官能够在虚拟现实系统中得到充分的信息反馈，体验者在建筑遗产的虚拟空间中，以自身的感官获取历史场景中直觉的信息。

虚拟现实系统的交互性是指用户在虚拟空间中对数字化虚拟三维对象的可操程度和从虚拟环境中得到反馈的自然程度。虚拟现实系统为交互主体提供了一个友好的交互界面，这个交互界面分布在虚拟的三维空间中，通过体验者自然的行为动作与交互界面进行信息的交流和沟通。建筑遗产所具有的文本信息、数字信息、图形信息、声音信息甚至视频信息都能够通过这种自然的交互方式得以呈现。当虚拟现实系统的界面交互链接与数据库后台进行通信，虚拟空间中的信息交流将得到无限的拓展。

虚拟现实系统的构想性又称为想象性，是指交互主体沉浸在多维信息空间中，依靠自身的自然感知和认知能力全方位地获取信息，并通过自身的思考对信息形成新的认知。在虚拟空间中交互主体的行为是完全自主的，能够最大地发挥体验者的主观能动性，对多样化的建筑遗产历史信息形成全新的认知概念。

虚拟现实技术应用于建筑遗产保护领域有两个不同的应用方向：一个是面向文化遗产保护的研究者，另一个是面向公众和大众传媒。

在虚拟现实面向学者和专家的应用系统的开发中，系统将不同来源的多种信息整合在虚拟的三维空间中，而这些信息与建筑遗产的数字化结构和构件进行密切的关联，为研究者提供一个强有力的可视化研究工具。

虚拟现实技术在建筑遗产保护领域的另一个应用方向是：通过对建筑遗产高度真实的视觉还原，在沉浸性的交互体验中为用户提供关于历史场景的、完整的感官体验。这种类型的虚拟现实系统其使用场景多为博物馆等公共展示场所，或者通过互联网为用户提供简化版的虚拟交互体验。其开发的主要目的是向公众传播建筑遗产的审美价值和精神价值[17]。

1.4.2 建筑遗产保护中的增强现实技术

增强现实（Augmented Reality，AR）利用计算机和传感器等设备将虚拟的数字信息与现实世界进行融合和叠加，从而实现对现实世界的增强和改善[18]。

AR技术可以通过可穿戴设备（如头戴式显示器、手环等）或者智能手机等移动设备的摄像头来实现。它可以识别现实世界中的物体、场景、位置等信息，并将数字内容叠加到现实世界中，呈现给用户。增强现实技术可以在建筑遗产保护中发挥重要作用，能够将虚拟的元素叠加在现实世界中，从而提供更加沉浸式的体验和更加直观的信息呈现方式。增强现实技术在建筑遗产保护中的应用包括以下几个方面[19]：

虚实结合的建筑遗产空间再现：将虚拟现实（VR）和现实场景相结合，利用增强现实技术，将虚拟建筑模型叠加到真实的场景中，实现真实环境和虚拟模型的融合。观众可以通过手机、平板电脑等设备，在真实场景中观看建筑遗产的虚拟重建模型，甚至可以通过交互手段，控制模型的旋转、缩放等，以获得更加全面、深入的了解。利用增强现实技术，还可以在虚拟模型中加入声音、图像、视频等元素，为观众呈现更加生动、直观的场景效果。比如在模型中加入建筑物的历史介绍、文化内涵解读、艺术细节分析等内容，使观众不仅能够欣赏建筑的美景，还能够了解其历史、文化和艺术价值[20]。

展示历史事件：增强现实技术可以在建筑遗产现场通过扫描二维码或者AR标识，展示与该建筑有关的历史事件，包括建筑师的故事、历史事件的影响等。游客可以通过手持设备或者眼镜，在现实场景中获得更加详细、生动的历史信息。

交互式导览：增强现实技术可以将建筑遗产进行虚拟导览，包括讲解建筑的历史、文化和艺术价值等。通过扫描二维码或者AR标识，游客可以在现实场景中获取更加详细、全面的信息；同时，游客也可以通过手持设备或者眼镜，与导览信息进行交互，比如放大、旋转、观看动画等，以更加深入地了解建筑遗产。

文化展览：增强现实技术可以将建筑遗产进行虚拟展览，包括建筑的历史、文化、艺术价值等。通过虚拟现实技术，游客可以在虚拟场景中欣赏建筑的艺术品位，了解建筑的文化意义。同时，游客也可以通过手持设备或者眼镜，在虚拟展览中进行交互，观看动画、放大细节等，以更加深入地了解建筑遗产的文化价值。

1.4.3 建筑遗产保护中的混合现实技术

近年来，虚拟现实（Virtual Reality，VR）和增强现实技术（Augment Reality，AR）日趋成熟，并已经较多地应用于文化遗产保护领域，而混合现实技术（Mixed Reality，MR）的出现是随着2015年微软的混合现实设备HoloLens的发布而逐渐进入应用领域的。MR技术目前更多地应用于航空航天、船舶制造等行业的科研领域，在文化遗产保护领域的成熟应用还较少[21]。

混合现实是一种新型的现实交互技术，它结合了虚拟现实和增强现实的特点，可以将虚拟和现实世界的元素融合在一起，使用户可以与这些元素进行实时互动。混合现实技术可以理解为是增强现实技术的进一步发展。随着智能终端硬件和计算机技术的成熟，混合现实逐渐成为国内外专家和学者积极研究的热点领域。混合现实技术是将数字世界和真实世界以任意比例组合而成的光谱区域，而不是某个具体的点。它包括增强现实和虚拟现实，通过摄像头、传感器和定位器实时获取真实世界的物理信息，并利用位置跟踪软件和空间地图技术将真实世界的物理环境与计算机生成的数字场景信息相融合，从而呈现出虚实叠加的画面。用户可以实时与虚拟对象进行交互。

混合现实技术逐渐成为新的可视化技术研究对象。在数字化建筑文化遗产保护领域，建筑遗产的特征通常存在于信息的碎片中，因此，对混合现实技术的特性和交互特征进行研究，并将其应用于信息可视化设计，是当前的研究热点。通过利用摄像头、传感器和定位器等技术获取真实世界的物理信息，并结合计算机生成的数字场景信息，混合现实技术可以帮助人们更加直观地了解建筑文化遗产，从而更好地进行保护和传承。通过虚实叠加的方式呈现出的信息，也可以使人们更加全面地了解建筑文化遗产的历史和文化价值。因此，混合现实技术在数字化建筑文化遗产保护领域的应用前景广阔，也是一个非常有意义的研究方向[22]。

以下是混合现实的几个主要特征：

融合现实和虚拟：混合现实的最大特点是将现实和虚拟世界融合在一起，用户可以在现实世界中看到虚拟对象，而这些虚拟对象可以与现实世界进行互动[23]。

实时计算：混合现实需要在实时计算过程中将虚拟元素与现实场景进行融合。为了实现这个目标，混合现实系统需要具备高性能的计算和渲染能力，以保证虚拟元素的实时显示和交互。

空间感知：混合现实需要对用户所处的空间进行感知和定位。通过各种传感器技术，混合现实系统可以实现对用户的姿态、位置和运动的感知，从而使虚拟元素可以在用户的真实场景中精确定位和显示。

交互方式多样：混合现实可以通过多种方式进行交互，如手势、语音、眼动、头部运动等，使用户可以更加方便地与虚拟元素进行互动。

混合现实的空间感知技术是混合现实区别于增强现实的主要特征，空间感知技术在建筑遗产保护和文化遗产旅游中具有广泛的应用，可以提供更加丰富、精准和生动的体验，同时也可以增强参观者的认知和交互体验。混合现实技术需要使用专门的硬件设备（如HoloLens等），可以让用户在眼前的现实世界中看到虚拟的物体，并在此基础上进行互动。混合现实（MR）将虚拟物体和真实世界中的物体结合起来，通过增强物理世界的感知，使虚拟物体看起来就像是真实地存在于现实世界中一样，并实现虚拟物体与物理空间的实时交互[24]。

混合现实应用与建筑文化遗产保护具有以下三个方面的作用：

第一，突破时空的限制与局限呈现建筑遗存的原始信息。根据考古研究数据和文献记载，针对尚未挖掘或已经湮灭了的遗址、遗存进行三维数字化重建，忠实地记录其所包含的历史信息，突破时空的局限再现历史的原貌。在建构三维数字模型的基础上应用MR技术将数字化的影像实时地与物理空间叠加，既不破坏历史遗存的客观存在又最大限度地呈现历史遗存所蕴含的信息。

第二，完善建筑遗存的保护手段。大量的建筑遗存极易受到自然气候及人为因素的破坏，急需妥善保存。应用MR技术可以预判修复过程的可行性并呈现修复完成后的效果，叠加在现实物理空间中的三维数字虚拟体能够替代实物展出，从而使历史遗存得到更好的保护。

第三，构建出基于与建筑遗存相关真实物理空间的沉浸式交互体验。MR技术的应用能够使公众对大量的历史遗存进行零距离的观摩与研究，使优秀的传统文化得到详尽的记录并广泛地传播。另一方面，随着ios系统的ARKIT及安卓系统的ARCORE技术的成熟，基于移动智能终端的MR系统的开发也成为交互方式的发展趋势，这就能够结合数字资源的传播优势在全球范围整合并共享优秀的文化遗产资源，使其成为全人类拥有的文化遗产。

---

1. 国家文物局. 国际文化遗产保护文件选编［M］. 北京：文物出版社，2007.

2.（芬）尤基莱托（Jukilehto,J.）. 建筑保护史［M］. 北京：中华书局，2011.

3. 张松. 历史城市保护学导论［M］. 上海：上海科学技术出版社，2001.

4. 朱光亚. 建筑遗产保护学［M］. 南京：东南大学出版社，2019.

5. 曾坚，尹海林. 对建立有中国特色的建筑美学体系的思考［J］. 建筑学报，2003 (1): 25-27.

6. 张成渝. 国内外世界遗产原真性与完整性研究综述［J］. 东南文化，2010 (4): 30-37.

7. 刘临安. 当前欧洲对文物建筑保护的新观念［J］. 时代建筑，1997 (4): 41-43.

8. Taher Tolou Del M S, Saleh Sedghpour B, Kamali Tabrizi S. The semantic conservation of architectural heritage: the missing values［J］. Heritage Science, 2020, 8: 1-13.

9. López-MencheroBendicho V M, Flores Gutiérrez M, Vincent M L, et al. Digital heritage and virtual archaeology: an approach through the framework of international recommendations［J］. Mixed Reality and Gamification for Cultural Heritage, 2017: 3-26.

10. 杨小舟. 解读《巴拉宪章》的现实意义引发的辩证思考［J］. 建筑与文化，2014 (6): 162-164..

11. Denard H. Implementing best practice in cultural heritage visualisation: the London charter［J］. Good Practice in Archaeological Diagnostics: Non-invasive Survey of Complex Archaeological Sites, 2013: 255-268.

12. 铁钟. 文化遗产信息模型的虚拟修复研究［D］. 北京：中国美术学院，2019.

13. 李德仁. 虚拟现实技术在文化遗产保护中的应用［J］. 云南师范大学学报: 哲学社会科学版, 2008, 40(4): 1-7.

14. 聂有兵. 虚拟现实：最后的媒介？［J］. 教育传媒研究,2017(02):75-79.DOI:10.19400/j.cnki.cn10-1407/g2.2017.02.021.

15. 董岳. 虚拟建筑文化遗产的"艺术性"与"真实性"［J］. 大众文艺（理论），2008.

16. Xiong J, Hsiang E L, He Z, et al. Augmented reality and virtual reality displays: emerging technologies and future perspectives［J］. Light: Science & Applications, 2021, 10(1): 216.

17. Debailleux L, Hismans G, Duroisin N. Exploring cultural heritage using virtual reality［C］//Digital Cultural Heritage: Final Conference of the Marie Sklodowska-Curie Initial Training Network for Digital Cultural Heritage, ITN-DCH 2017, Olimje, Slovenia, May 23–25, 2017, Revised Selected Papers. Springer International Publishing, 2018: 289-303.

18. Baviera Llópez E, Llopis Verdú J, Martínez Piqueras J, et al. Heritage dissemination through the virtual and augmented realities［C］//Graphic Imprints: The Influence of Representation and Ideation Tools in Architecture. Springer International Publishing, 2019: 623-632.

19. 刘佳，王强，张小瑞，et al. 移动增强现实跟踪注册技术概述［J］. 南京信息工程大学学报: 自然科学版,2018

20. Rossato L. Digital Tools for Heritage Preservation and Enhancement: The Integration of Processes and

Technologies on 20th Century Buildings in Brazil and India［C］//Digital Heritage. Progress in Cultural Heritage: Documentation, Preservation, and Protection: 6th International Conference, EuroMed 2016, Nicosia, Cyprus, October 31–November 5, 2016, Proceedings, Part I 6. Springer International Publishing, 2016: 567-578.

21. 陈宝权, 秦学英. 混合现实中的虚实融合与人机智能交融［J］. 中国科学：信息科学, 2016(12): 49-59

22. 黄红涛, 孟红娟, 左明章, et al. 混合现实环境中具身交互如何促进科学概念理解［J］. 现代远程教育研究, 2018,

23. Plecher D A, Wandinger M, Klinker G. Mixed reality for cultural heritage［C］//2019 IEEE Conference on Virtual Reality and 3D User Interfaces (VR). IEEE, 2019: 1618-1622.

24. Gavalas D, Sylaiou S, Kasapakis V, et al. Special issue on virtual and mixed reality in culture and heritage［J］. Personal and Ubiquitous Computing, 2020, 24: 813-814.

第 2 章
建筑遗产空间信息构建

2.1 建筑遗产空间信息概述

2.1.1 信息的概念

信息是一个多元化的概念，学术界对信息有着不同的定义。

信息是物质存在的一种方式、形态或运动状态，也是事物的一种普遍属性。信息一般指数据及消息中所包含的意义，可以使消息中所描述事件的不确定性减少。

意大利学者朗高在信息论新的趋势与味觉问题中认为，信息反映的是事物的形成、关系和差异。它包含于事物的差异之中，而不在事物本身。

信息论的创始人香农认为，凡是在一种情况下能减少不确定性的任何事物都叫信息。

物理学家约翰惠勒认为万物源自比特。信息的基本单位是比特，而宇宙的最基本组成单位也是比特。詹姆斯克雷特在《信息简史》一书中也提出了相似的观点。在当今这个数字科技迅猛发展的时代，一切事物都在以信息的方式进行量化，以比特为单位进行存储和传输。

2.1.2 建筑遗产信息类型及属性

建筑遗产历史信息可以根据其所指对象的属性进行分类，包括空间形态、结构特征、人文属性等。而根据其存在方式，建筑遗产历史信息可以分为文本、图纸、影像、空间坐标、三维模型和音频等形式。随着文化遗产数字化保护工作的不断深入，大量的建筑遗产历史信息以数字化的形式保存记录下来。因此，对于海量数字化建筑遗产信息数据的有效管理和应用显得尤为重要。要达成对于海量历史信息的有效管理与应用，必须构建起建立在数据库基础上的建筑遗产信息系统，该系统的功能涉及收集、管理、研究和展示等四个领域。在建筑遗产保护工作中，研究视角涉及多个不同的学科领域，研究对象需要丰富的数据信息描述其空间形态、结构特征以及人文属性，研究者基于自身的知识背景及研究思路对于系统中的信息内容具有个性化的需求。

遗产属性	信息类型	注释
时间属性	营建历史信息	建筑营建活动所涉及的历史年代及相关的时间信息
	修缮重建信息	建筑遗产在不同历史时期被修缮及重建改造的信息
	增减变化信息	建筑遗产经历时代变迁在形制、体量及规模上的变化信息
空间属性	造型结构信息	
	空间定位信息	建筑遗产在全球定位系统中精确的空间坐标信息，包括局部建筑空间的坐标信息
	地域环境信息	建筑遗产的地形地貌、规划选址及风土环境、地质气候等信息
	规划布局信息	建筑遗产所在城镇、村落及建筑群的规划特征及建筑空间布局信息
营造技术属性	建筑结构信息	建筑遗产的承重结构及围护结构的受力体系及营造方式的信息
	建筑构造信息	建筑遗产各组成部分的选材、加工及建构施工方法的信息
	营造材料信息	营造建筑物的各种结构、构造部件及装饰部件所使用材料的物理化学特性以及产地、生产工艺等信息
社会文化属性	社会历史信息	建筑遗产所体现的朝代变迁、政治制度、宗教信仰、宗族观念及道德伦理等信息
	文化艺术信息	建筑遗产所蕴含的哲学思想、美学理念、地域文化及造型风格等信息
	民俗文化信息	建筑遗产中与人们的生活、习惯、情感及信仰相关的文化信息，包括生产劳动、日常生活、岁时节日、人生礼仪及民间传说等
	使用功能信息	建筑遗产所具有的满足生产生活、军事防御、政治宗教活动及抗震防火等功能性特征的信息

表2-1　建筑遗产的空间信息类型

2.1.3 建筑遗产的空间信息

在上文中对建筑遗产自身的属性分类为时间属性、空间属性、营造技术属性和社会文化属性。其中对于空间属性和营造技术属性所包含的各种信息类型最为合理精确的描述方式是通过空间坐标、全球定位坐标以及数字化的三维模型进行记录和表达。通过这几种数字化技术手段描述的建筑遗产信息在本书中定义为建筑遗产空间信息。对于建筑遗产的空间属性和营造技术属性所包含的各种信息主要使用以下几种技术手段进行获取[1]：遥感影像、激光扫描、结构光扫描、摄影测量、三维全景。

梁思成先生与中国营造学社的同人于20世纪30年代起对我国一批重要的建筑遗产进行考察和测绘，足迹遍布中国15个省200多个县，对2000多件从唐宋辽金元明清以来遗存的历史建筑进行人工测绘和影像记录，开创了我国最早的建筑遗产信息采集工作[2]。长期以来建筑遗产信息采集主要使用的方法是人工建筑测绘、摄影影像记录、文字资料记录、古代文献收集和整理。90年代以来随着电子科技和数字科技的发展，全站仪三维激光扫描仪等先进的测绘工具大量地应用于建筑遗产的信息采集。近年来航空航天遥感技术、低空无人机影像采集技术、三维扫描技术以及基于数字影像的摄影测量技术广泛应用于建筑遗产保护领域，为数字化建筑遗产保护提供了有力的研究手段。

建筑遗产保护领域对空间信息的采集和应用呈现以下4个趋势：

1.数字科技的应用提高了空间信息的探测精度；

2.建筑遗产的空间信息应用从单一数据源发展到多源信息的综合分析处理；

3.对空间信息的采集逐渐向多时相、多维度趋势发展；

4.建筑遗产空间信息的管理及检索方式向网络化、共享化、智能化方向发展，对空间信息的分析研究，从定性分析向数字化模型的定量分析转变。

将空间数据转化为可视化形式，能够利用人类对视觉模式的快速识别能力，帮助人们探索和理解大规模的空间数据。这种方法有助于揭示数据内部隐藏的特征和规律，使人们可以方便地与数据进行交互和操作，从而获得新的见解。通过将人类的视觉能力与计算机技术结合，可视化方法将成为研究和探索空间数据的强大工具[3]。

视觉在信息传递中扮演了重要角色。科学计算可视化是一种将抽象的数据转化为图像或图形的技术，使人们可以更直观地理解数据中的关系和特征。它可以帮助科学家们更深入地探索和分析数据，并且从中获得新的知识和洞察力。科学计算可视化的技术和工具越来越先进，可以应用于许多不同的领域，例如气象学、地球物理学、生物学、医学、材料科学等。通过可视化技术，科学家们可以更深入地了解数据，从而制定更好的假设和研究计划，以及发现更多的现象和规律。

空间信息可视化是数字时代的一个重要研究领域。传统可视化图形主要是通过平面的方式来表达空间信息，而数字化的空间信息可视化则可以将三维的空间信息以更加形象直观的方式进行表达，让用户更容易理解和使用。同时，空间信息可视化技术还具有很强的交互性，用户可以通过交互操作来获得更深入的理解和掌握，这是传统图形所不能达到的。空间信息可视化技术的应用领域非常广泛，例如地图制作、城市规划、环境监测、农业和林业管理、物流和运输等。通过空间信息可视化技术，用户可以更好地理解和掌握地理信息，从而更好地作出决策和规划。

2.1.4 空间认知的基本概念

人类的所有行为都与空间有关，空间不仅组织了客观世界所有的事物也划分了自我与他者之间的界限。人类的许多认知过程都需要空间信息的处理，从物体的识别判断、导航搜索到逻辑推理以及语言的组织都离不开空间信息的认知过程[4]。

空间认知是指人们对于空间环境的感知、理解和处理能力。它是人们在日常生活中进行定位、导航、规划路径、描述空间位置和关系等活动所必需的能力。空间认知涉及感知、认知、记忆、理解和表达等多种认知过程和心理机制，是人类智力的重要组成部分。

空间认知的基本概念包括：

空间感知：指人们通过感官接收、处理、理解和组织环境中的空间信息的过程。包括视觉、听觉、触觉、味觉和嗅觉等感官的作用，以及对物体、场景和位置的感知。

空间记忆：指人们对空间信息进行存储、检索和更新的过程。人们能够通过对空间环境的观察和体验，形成对环境中物体、场景和位置等信息的记忆，并能够在需要时进行检索和更新。

空间表达：指人们用语言、图形、符号等形式将空间信息传达给他人的过程。人们能够用语言描述、图形表达、符号标记等方式将自己对空间环境的感知和理解传达给他人，从而实现信息的共享和沟通。

空间思维：指人们在进行空间认知活动时所应用的思维方式和策略。人们能够通过空间思维进行空间推理、规划路径、解决空间问题等活动，提高自己的空间认知能力。

空间认知是一个复杂的心理过程，它在人们的生活中起着重要的作用。人们能够通过不断地感知、记忆、表达和思维，不断提高自己的空间认知能力，从而更好地适应和利用空间环境[5]。

随着计算机科学和地理信息科学等领域的发展，空间认知理论在GIS集成化和智能化方向上的研究有了长足的进展。这方面的研究成果，也对建筑文化遗产的保护提供了可贵的参考价值。

遗产保护中信息加工的处理机制是认知心理学、数字技术和建筑文化遗产研究相结合的产物。空间认知是人们认识生存环境中诸事务及现象的形态与分布、相互位置、依存关系以及变化和趋势的能力和过程。

建筑遗产保护的研究对象是人类在不同历史时期所创造的构造物以及其周边的自然环境，这些形态本身就具有明确的空间构造和空间分布特征。这种遗产保护的对象既包括了这些具有空间属性的特征，同时也包括了时间、名称、历史沿革等具有非空间属性的信息。在研究过程中具有空间属性和非空间属性的信息在研究决策、信息加工过程中是密不可分的。建筑文化遗产的研究，包含了建筑空间信息的知觉、编码、存储、记忆和解码等一系列心理过程[6]。

2.1.5 建筑空间认知的过程

数字化建筑遗产的认知过程首先需要将建筑遗产的构件从环境中区分出来，并进一步获得其构造信息从而进行识别，建筑构造的识别是认知过程的起点。建筑构造的三维数字化模型是遗产信息的视觉表达，用户在建筑遗产的可视化系统中对目标物体进行较长时间的注视，将记忆中存在的视觉形象（心象）与注视对象进行对比，这即是认知过程中的视觉注视性思维。用户识别并获取建筑遗产构件的视觉特征以后，将对数字化信息的视觉感知与大脑中的知识积累进行相互比对，从而生成建筑遗产空间构造的表象，完成数字化建筑遗产的认知过程。用户在建筑遗产可视化系统中有目的地观察浏览建筑构件视觉形态，关注与研究相关的构造信息，这即是认知过程中的视觉选择性思维[7]。

数字化建筑遗产的认知过程在研究者的思维中构建起两个心象：一个是数字化建筑遗产的视觉形态所提供的研究对象的构造认知，另一个是研究者在记忆中存在的对同类建筑空间形态的一般认知。研究者会将这两种形象进行比较，判断其相似程度是否符合一般认知的规律，并通过这种比较判断提出进一步的研究课题，将其作为在系统中进一步观察浏览获取建筑遗产信息的依据。研究者将在数字化系统中的认知结果进行组织和概括，从而形成建筑遗产研究对象新的表象，与同类课题的研究结论相结合，提出课题的研究重点，得到课题结论的假设。根据课题结论的假设，系统的使用者能够结合建筑遗产研究对象的空间构造特征及建筑布局特征，进一步研究探索得到更为合理的论点和论据。

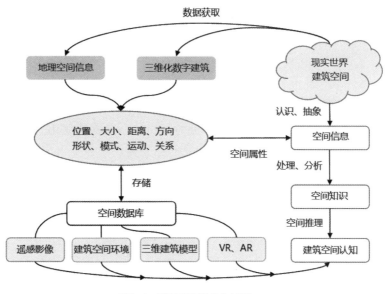

图2-1　建筑空间的认知过程

2.1.6 空间信息的可视化表达

人类天生具有对视觉形态高效的识别和处理能力，通过视觉所获取的信息达到信息总量的80%以上。在对建筑遗产的研究和传播过程中将具有空间属性和非空间属性的信息转化为可视化的状态，将更加符合人类获取信息的自然能力。数字化的可视化信息在组织和表达多模态的海量信息方面有着巨大的潜能，利用计算机可视化的工具将研究课题的空间结构以三维数字化的形态记录和表现出来，同时将研究过程中抽象的数据表现为可视化的图形和图像，从而使系统的用户能够以直观的形式对研究对象的空间结构和数据的相互关系进行直观的分析和研究，对研究对象形成新的理解和认知，将极大地推动建筑遗产保护领域的研究进展[8]。

以三维数字化的模型结构表现建筑遗产的空间信息能够极大地促进人们对遗产对象的认知和理解。三维数字化可视技术能够直观地表现建筑构造的空间信息，同时将建筑遗产地域环境所附带的信息也通过三维模型所构造的环境空间呈现出来。在三维可视化系统中对建筑遗产的空间信息表达不仅仅是传统的静态呈现，而是通过多媒体的数字化交互技术呈现出来。这种交互式的空间信息表达方式将有助于用户的视觉思维，有利于建筑遗产多种类型信息属性的诠释和传播。这种数字化可视系统具有交互操作性、信息动态性、媒体集成性的特征。面向建筑遗产的空间信息可视化的研究基于科学计算可视化、计算机图形学、建筑遗产保护和人类认知科学，是以识别、解释、表现和传输为目的而直观表现建筑遗产空间信息的工具、技术和方法的研究领域[9]。

2.2 基于建筑遗产的空间信息模型

2.2.1 面向建筑遗产保护的三维可视化系统

面向建筑遗产保护的三维可视化系统是在三维空间中对研究对象的客观模拟，系统的目的在于准确地表达研究对象的空间特征，同时能够使使用者通过系统高效地获取所需要的资料。三维可视化系统能够达成以上目标必须具备以下两个前提：

1. 充分地理解建筑遗产的空间构造信息，并准确地构建建筑及其周边环境的三维空间结构。

2. 为三维可视化系统建立面向对象的完整的信息架构，基于建筑学及遗产保护理论以面向对象的方式组织建筑遗传相关的信息模型。

在建筑遗产三维可视化系统中，建筑的数字化三维空间结构是建筑遗产相关信息的载体。在这个系统中每个研究对象的相关信息都具有空间属性、时间属性以及与其他研究对象的空间拓扑关系和结构语义关系。本着这样的理解可以构建起基于建筑遗产空间属性的信息架构组织方式，这个三维可视化系统的信息架构是以面向对象的方式构建起来的。建筑遗产的信息依据其空间属性的相互关系被组织成一个完善的对象集，在这个空间数据模型中每个可访问的对象都具有三维空间的多尺度特征，建筑构造和环境之间的空间语义关系可以通过对象的空间属性及其他多重属性来进行标识。每个研究对象都具有文字信息、图形信息、空间信息和时间信息，研究对象之间具有空间几何拓扑关系及结构语义关系。

面向对象的思维方式是当今分析设计和开发应用程序特别是大型应用程序时主流的思维方法。面向对象的思维方式为构建面向建筑遗产的三维可视化系统提供了一种理论基础和设计思路，使得系统能够更好地描述建筑遗产的属性和行为，同时也提高了系统的可维护性和扩展性。面向对象的思维方式强调将现实世界中的事物抽象成对象，通过对象的属性和行为来描述和操作这些事物。而在构建三维可视化系统中，建筑遗产被抽象为三维模型对象，每个对象都具有属性和行为，比如位置、大小、颜色、纹理等属性以及旋转、缩放、平移等行为。在面向对象的思维方式中，对象之间可以相互作用，进行信息交互和传递。同样地，在构建三维可视化系统中，建筑遗产之间也可以进行交互和传递信息，比如在三维模型中增加交互式按钮、文字和音频等，使用户能够通过系统了解建筑遗产的历史、文化和设计等方面的信息。

面向对象的思维方式是将系统和问题分解为对象和对象之间的关系来进行分析和设计。这种思维方式追求的是通过自然的方法结合数据抽象机制，在结构和行为上对现实世界中的复杂实体进行建模，尽量实现将现实世界中的事物直接映射到软件系统的解空间中。在面向对象系统中，对象是核心概念，它是一个具有状态特征和可以对这些状态施加操作的独立实体，对象之间的相互请求或相互协作通过消息来实现。一组客观对象的抽象就是类，类成为一种新的自定义数据类型，在计算机世界的系统构成上，形成了一个具有特定功能的模块和一种代码共享的手段。立足类的语法特征和构造机制，面向对象系统形成了三大特性：封装性、继承性和多态性。封装性是指将对象的状态和行为封装起来，只能通过对象提供的公共接口进行访问和操作，从而增加系统的安全性和可维护性；继承性是通过定义一个类来继承另一个类的属性和方法，减少代码的重复性，提高代码的可复用性和可扩展性；多态性是同一个方法可以在不同的对象上产生不同的行为，使得系统更加灵活和可扩展，同时也使得代码更加简洁和易于维护。

综上所述，面向对象的思维方式和技术使得软件系统的设计更加符合现实世界的描述方式和人类思维习惯，提高了代码的可读性和可维护性，同时也使得软件系统更加容易扩展和升级，满足了不同用户的需求。从广义上讲这种理念可以应用于任何开发情境，课题所面临的开发情境是构建面向建筑遗产的三维可视化系统，建筑文化遗产的保护提供分析的工具和决策的依据。在任何情境中设计都是复杂的活动，设计活动所涉及的元素相互之间有着错综复杂的关系，我们必须在不完整的信息条件下作出一系列关键性的选择，面向研究对象和研究任务去构建三维可视化系统是本课题的宗旨和理念。

2.2.2 以建筑遗产为对象的空间信息模型

空间信息模型是指以空间为基础，将现实世界的对象、现象、过程和关系等抽象为一种可视化、可计算的信息模型，通过数字化、空间化的方式呈现出来，以支持各种应用场景的数据分析、决策和规划。它是现代地理信息系统、城市规划、建筑设计、交通运输、农业、资源环境等领域中广泛应用的基础工具之一，对现代社会的发展和管理具有重要的作用。空间信息模型通常由空间数据、属性数据和拓扑关系等组成，可以通过各种空间分析和可视化技术进行操作和呈现。在建筑领域中，空间信息模型被广泛应用于建筑设计、施工管理、空间分析等方面[10]。

建筑遗产空间信息模型的应用，可以更好地实现对建筑遗产的保护、传承和推广。通过建筑遗产空间信息模型，可以对建筑遗产进行全面的调查和分析，收集各种空间数据和历史文物资料，包括建筑结构、装饰艺术、文化背景、历史变迁等。同时，还可以通过建筑遗产空间信息模型进行文物保护规划和管理，制定合理的保护方案，可以实现对建筑遗产的实时监测和管理，包括建筑物的结构状况、设备运行状态、安全情况等方面。同时，还可以通过建筑遗产空间信息模型实现对建筑遗产的保护、维修和管理，保证其历史文化价值的传承和延续。通过建筑遗产空间信息模型对建筑遗产进行数字化重建和模拟，实现对建筑遗产的全面展示，可以在虚拟环境中漫游、了解建筑遗产的历史变迁、文化内涵等方面，同时也可以进行演示和教育。

以建筑遗产为对象的空间信息模型具有许多独有的特征和属性。建筑遗产是具有历史和文化意义的物质文化遗产，是人类文明的重要组成部分。一个建筑遗产空间信息模型可以帮助我们更好地理解和保护这些重要的文化遗产。

首先，建筑遗产空间信息模型具有空间特征。建筑遗产是物理空间中的实体，因此一个建筑遗产空间信息模型需要包括其在物理空间中的位置、形状、尺寸和空间关系等信息。这些信息可以通过空间属性来描述，例如建筑物的位置、高度、面积、容积等。

建筑遗产空间信息模型具有历史和文化特征。建筑遗产是历史和文化的见证，一个建筑遗产空间信息模型需要包括其历史和文化信息，例如建筑物的建造年代、建筑风格、文化意义等。这些信息可以通过非空间属性来描述，例如建筑物的历史、文化和艺术价值等。

建筑遗产空间信息模型具有功能特征。建筑遗产空间信息模型不仅包括建筑物的形态和结构，还包括了建筑物的功能和使用情况等方面的信息，可以对建筑遗产的功能进行分析和评估。在建筑遗产保护和管理中，了解建筑物的功能和使用情况是非常重要的，因为它们会影响建筑物的保护和利用。例如，了解一个古建筑的原始功能可以帮助我们更好地保护它的结构和特点，同时也可以帮助我们更好地规划它的利用方式，使其在现代社会中得到更好的利用[11]。

建筑遗产空间信息模型具有多尺度特征，这是因为建筑遗产不仅是一个整体，还包含了许多细节和构件。在建筑遗产空间信息模型中，需要考虑建筑物的整体尺度，如建筑物的外形、占地面积等；同时也需要考虑建筑物的内部尺度，如房间的布局、门窗的位置等。此外，建筑遗产还包含了许多构件，如柱子、梁、墙壁等，这些构件也需要考虑其自身的尺度和空间关系。为了描述建筑遗产的多尺度特征，建筑遗产空间信息模型通常采用层次结构的方式进行表示。不同层次的元素代表不同的尺度，例如建筑物整体、楼层、房间等。在建筑遗产空间信息模型中，通过将不同尺度的元素进行组合和嵌套，可以形成一个完整的建筑遗产信息模型。

建筑遗产空间信息模型具有时空特征。建筑遗产是在时间和空间上演化和变化的，一个建筑遗产空间信息模型需要包括其在不同时间和空间位置的状态和变化信息。建筑遗产的空间形态和使用情况都会随着时间的推移而发生变化。在建筑遗产空间信息模型中，需要考虑建筑物的历史演变和现状情况，以及不同时间段的使用情况和功能变化等。建筑遗产空间信息模型需要包含建筑遗产的历史信息，如建筑物的建造时间、建筑风格、历史事件等，以便进行历史研究和文化保护；同时，还需要包含建筑遗产的现状信息，如建筑物的使用情况、维修情况、环境条件等，以便进行现状评估和管理。在建筑遗产空间信息模型中，时空特征通常通过时间和空间的维度进行表示。建筑遗产的不同历史时期和现状可以用时间维度进行表示，建筑物内部和外部的空间关系可以用空间维度进行表示。通过将时间和空间维度进行组合，可以形成一个具有丰富时空特征的建筑遗产空间信息模型。

2.2.3 建筑遗产空间信息的表达模式

建筑遗产的空间信息表达模式主要包括以下几个方面：空间特征、属性特征、时间特征、多媒体特征和可视化技术。

建筑遗产的空间信息表达模式必须包括其空间特征。建筑遗产的空间特征是其固有属性之一，包括其几何特征和拓扑特征等。建筑遗产的几何特征主要包括建筑的形状、尺寸、位置、方向、高度等，这些几何特征可以通过数字、图形等方式进行表达。建筑遗产的拓扑特征主要包括建筑间的连接关系、空间关系、路径关系等，这些拓扑特征可以通过拓扑结构图等方式进行表达[12]。

建筑遗产的空间信息表达模式还必须包括其属性特征。建筑遗产的属性特征包括其质量和数量特征。建筑遗产的质量特征主要包括其历史和文化价值、建筑结构的稳定性、耐久性等，可以通过数字、文字等方式进行表达。建筑遗产的数量特征主要包括建筑的面积、容积、楼层数、建造年代等，可以通过数字、图表等方式进行表达[13]。

建筑遗产的空间信息表达模式还必须包括其时间特征。建筑遗产是一个历史悠久的空间，具有不同的历史时期和文化背景。因此，建筑遗产的时间特征是其固有属性之一。建筑遗产的时间特征可以通过其建造年代、历史文献、图像资料等方式进行表达。

建筑遗产的空间信息表达模式还必须包括其多媒体特征。建筑遗产具有丰富的文化内涵和历史故事，因此需要采用多种形式的媒体来表达其多样化的信息，例如建筑遗产的图形、图像、声音、视频等。这些多媒体特征可以通过数字化、录像、摄影等方式进行表达。

三维可视化技术则提供了更加真实、直观的建筑遗产空间信息表达方式，使人们可以更好地了解建筑遗产的空间特征、历史背景和文化内涵。三维可视化技术可以实现建筑遗产的精确重建，建筑遗产的保护和修复需要进行精确的测量和模拟。传统的测量方式往往需要大量人力物力，并且存在误差；而三维激光扫描技术可以快速、准确地获取建筑遗产的三维空间信息，从而实现建筑遗产的精确重建。通过三维可视化技术，可以将重建后的建筑遗产呈现在虚拟环境中，使人们可以更加直观地感受建筑遗产的历史变迁和文化内涵。

2.3 建筑遗产空间信息构建的相关技术

2.3.1 建筑遗产信息模型的概念

建筑遗产信息模型（HBIM）是一种数字化的方法，用于记录、分析、保护和管理历史建筑物。与传统的二维文档和手绘图相比，HBIM模型可以呈现建筑物的三维模型，包括其结构、材料、构件、装饰等各个方面的信息。HBIM模型基于三维激光扫描数据，通过使用专业的三维建模软件进行建筑物的三维重建，生成高度精确的数字化建筑物模型。在HBIM模型中，每个构件、材料和结构都被赋予了详细的属性信息，如尺寸、材质、年代、文化价值等。HBIM模型还可以与其他软件和工具进行数据交换，如结构分析计算等，以便对历史建筑物进行更全面的分析和优化。建筑遗产信息模型可以帮助历史建筑物的管理者进行信息管理、资源管理、决策支持等方面的工作，包括维护历史建筑物的基本信息、记录修复和改造的历史，保护历史建筑物的文化遗产价值，评估历史建筑物的安全性，确定维护和修复的优先级，以及进行改造和利用决策等。

HBIM（Historic Building Information Modeling）技术是应用BIM（Building Information Modeling）技术对历史建筑进行数字化建模和管理的方法，它可以帮助保存历史建筑的信息、结构和特点，同时提高历史建筑的保护、修复和重建效率。建筑信息建模在建筑遗产的保护中作为一种重要的数字化手段，在建筑遗产保护项目中多用于管理项目中生成的数字化的信息数据，建筑信息模型通过可交互的系统与建筑遗产数据库相关联，赋予了三维空间中的数字化建筑结构以更为丰富的信息内容。作为一种高效的数据分析和管理工具，BIM系统能够对建筑遗产的结构与构造信息以及建筑材料等信息进行量化的分析，从而形成对遗产保护有利的参考依据。将BIM系统的多源数据类型与虚拟交互空间相结合，为遗产保护过程中的数据可视化、保护方案的原型设计以及建筑遗产可持续利用的模拟和仿真提供了新的工具和决策手段。

2009年，结合BIM技术和文物遗产领域，爱尔兰人Maurice Murphy和Eugene Mcgovern第一次提出了历史建筑信息模型的概念。他们将HBIM定义为一套把点云和摄影测量数据映射到参数化构件上的跨平台程序，并基于历史建筑数据建立的标准参数化构件库。在这个工作流程中，首先应用摄影测量、激光三维扫描等技术获得历史建筑的密集点云信息，然后应用数字化工具将密集点云信息处理成多边形三维网格模型，同时生成建筑三维模型的高精度纹理信息。高精度纹理信息记录了历史建筑表面的材质特征和岁月侵蚀，同时也记录了历史建筑表面纹理的凹凸特征信息。在以上三围数据的记录基础上，通过 BIM系统将建筑构件的空间构造信息映射到三维多边形模型数据上，所构建的历史建筑信息模型带有建筑表面的信息数据，同时还记录了建筑的构造以及营造材料等历史信息。通过三维扫描技术所形成的多边形网格模型，还准确地记录了历史建筑的结构形态和空间尺度信息，结合BIM系统中所记录的影像信息和文本信息，构建出完整的历史建筑信息系统[14]。

BIM系统在建筑遗产领域中的应用为历史建筑的信息记录提供了全新的技术手段。作为一个"索引模型框架"，BIM系统提供了参数化、三维可视化以及多维度的信息承载模式。这些信息记录和表达了建筑主体建造、维护和使用过程中生命周期的变化，是遗产保护中信息管理的核心价值所在。

2.3.2 建筑遗产信息模型的应用价值

建筑信息模型（BIM）是一个过程，从创建智能3D模型开始，并在项目的整个生命周期（计划、设计、构建、运营和维护）中进行文档管理，协调和模拟。BIM用于设计和记录建筑和基础设施设计，建筑物的每个细节均以BIM建模。该模型可用于分析，以探索设计方案并创建可视化效果，帮助利益相关者在建造之前了解建筑物的外观，然后使用该模型生成用于施工的设计文档[15]。

建筑信息模型在建筑生命周期的不同阶段有着不同的使用价值。

前期规划阶段

通过将获取到的环境空间信息和其他建筑数据相结合从而生成现有建筑和自然环境的空间环境模型，从而为项目规划提供信息。

建筑设计阶段

在此阶段，将执行概念设计、分析详细信息和文档记录。通过使用BIM系统，制定建筑的建造预算和施工周期的计划。

施工建造阶段

在此阶段，通过使用BIM系统，设计方和建造方共享项目数据文件，从而进行充分的交流沟通，以确保最佳的施工时间安排和效率。

使用维护阶段

BIM数据会共享到建筑的运营和维护部门，也可用于建筑的日常维护和维修以及建筑设备的管理运营过程。

HBIM技术在建筑遗产保护中具有如下的应用：

建筑文档化和数字化

HBIM技术可以将历史建筑的各项信息进行数字化处理和建模，包括建筑结构、材料、装饰、空间布局等各个方面的信息。这样，历史建筑的信息可以得到保存、传承和使用，也便于后续的维护和保护。在数字化的基础上，可以进行信息的查询、更新和管理，从而提高建筑文档化的效率和精度[16]。

建筑分析和评估

HBIM技术可以对历史建筑进行各种分析和评估，包括结构分析、安全评估、耐久性分析等。通过数字模型的构建和分析，可以深入了解历史建筑的结构和特点，发现存在的问题和风险，并提出相应的保护和修复措施；同时，HBIM技术可以为后续的维护和保护提供科学依据。

建筑维护和保护

HBIM技术可以实现历史建筑的定期检查和维护，包括清洁、保养、修缮等各个方面的工作。通过数字模型的构建和管理，可以实时掌握历史建筑的状况和变化，及时发现和处理问题；同时，HBIM技术还可以为历史建筑的保护提供更加有效的管理和监督。

建筑修复和重建

HBIM技术可以对历史建筑的修复和重建进行数字化仿真，帮助建筑师和设计师更好地理解和还原历史建筑的形态和特征。通过数字模型的构建和分析，可以发现历史建筑的结构和特点，为修复和重建提供科学依据及参考；同时，HBIM技术还可以为修复和重建提供更加精确的信息和数据支持，提高修复和重建的效率和精度。

历史建筑信息模型在数据结构上具有以下特征。

在HBIM中应用点云生成的三维模型，与测绘图纸等其他建筑遗产信息整合，对建筑遗产实现准确全面的信息记录。

HBIM系统数字化的信息架构具备建筑遗产信息的保存、归档存储和数据分析功能，为遗产保护工作提供了便捷高效的工具。

HBIM中的建筑构件是以参数化的数字图形以及三维模型的形式构建起来的，能够实现批量化的快速修改和数据检索。

HBIM能够与地理信息系统整合，实现在不同粒度上的建筑遗产信息的管理和分析。

在建筑遗产保护方案的设计论证阶段以及对建筑遗产的修缮施工阶段，乃至日常维护的过程中，HBIM都可以提供详尽的数据信息并得出相应的图纸内容。

2.3.3　建筑遗产信息模型的开发流程

完整的建筑遗产信息模型其开发流程主要包括以下7个方面：

1. 对于已有的建筑遗产信息前期的收集和分析，将多元化的遗产信息文档进行整理和分析，确定完整的系统架构方案。

2. 需要对历史建筑进行测绘，建筑测绘可以利用现代的测量仪器和技术，对历史建筑的各项信息进行精确测量和记录。测绘结果可以用于数字模型的构建和后续的分析及管理。采用摄影测量、激光三维扫描以及结构光扫描等方法对复杂的历史建筑构件进行三维数字化的数据采集及测绘，完善并优化通过点云数据转化而来的三维网格模型，从中提取建筑构件及布局的空间尺度信息，构建起历史建筑信息模型系统的三维空间结构。

3. 基于测绘结果，可以进行数字模型的构建。建筑模型可以包括建筑的结构、材料、装饰、空间布局等各个方面的信息。建筑模型的构建可以利用BIM软件等工具，将各项信息进行整合和管理。历史建筑信息模型的信息采集与分析，对历史上保留下来的建筑遗产信息数据文档进行类型分析，根据其空间构造的特征、建筑营造技术特征以及建筑信息时间属性采用聚类分析方法进行定义和数据结构管理。对历史信息的分类和管理将作为系统开发和后续的信息采集的基础，在后续的研究过程中，信息将得到不断地完善和迭代，在系统中得到集成化的管理，为进一步的聚类分析和数据挖掘提供可靠的依据。

4. Autodesk公司是数字化建筑信息模型的倡导者，其FormIt Pro 、Revit等软件为建筑设计行业提供了建筑信息模型（BIM）的成熟解决方案。基于 Autodesk Revit 软件将具有参数化信息属性的建筑空间与通过点云转化而来的三维网格模型进行空间映射，将三维参数化的建筑构件创建并关联其空间属性，建立起具有空间属性的建筑遗产数据库，但是数据库具有规范的数据架构能够快速地进行信息的索引。在Revit等参数化建筑信息构建工具中创建历史建筑的结构及构件分类"族"库，并将分类的信息架构发布为可交互查询的网络版或本地系统[17]。

5. 构建历史建筑信息模型，将历史建筑的营造信息 、修缮信息、材料信息以及建筑结构的尺寸及工艺特征信息结合到历史建筑的三维多边形模型构件中。完整的历史建筑的信息模型包括设计模型、现状模型和修复模型，由此构成建筑的全生命周期模型。

6.赋予历史建筑信息模型以遗产保护相关的功能，与建筑遗产的地理信息系统相结合，构建起宏观尺度和微观尺度上使用场景遗产保护使用场景，使得历史建筑信息系统具备对洪水、地震等自然灾害的模拟及灾害预测，以及辅助城市规划及历史建筑的可持续利用设计等方面。基于数字模型，可以进行建筑分析和评估。建筑分析和评估可以包括结构分析、安全评估、耐久性分析等各个方面的工作。分析和评估结果可以用于后续的维护和保护工作。基于数字模型和分析结果，可以进行建筑修复和重建。建筑修复和重建可以利用数字模型进行仿真设计，还原历史建筑的形态和特征。修复和重建的结果可以用于数字模型的更新和管理。基于数字模型和分析结果，可以进行建筑维护和保护。建筑维护和保护可以包括清洁、保养、修缮等各个方面的工作。维护和保护工作可以根据分析结果和数字模型的管理，提高效率和精度。

7.在以上步骤的基础上还可以进一步构建历史建筑信息模型的虚拟交互系统。基于Unity等虚拟现实开发平台构建起沉浸式的虚拟交互空间，将通过三维扫描采集获得的三维多边形网格模型以及高精度的纹理贴图构建起高保真的建筑遗产虚拟空间。在此基础上导入Autodesk Revit中参数化的三维建筑构件，获得每一个构件的序列ID。在虚拟交互过程中通过特定的交互事件触发系统，通过特定的建筑构件序列ID获取相应的信息内容。每个建筑构件序列ID对应数据库中相应的信息内容，根据历史建筑信息模型（HBIM）所构建起的建筑信息数据库分类存储了三维模型、文本、数据、图形及动态影像等不同类型的数字化数据文档，分别对应建筑遗产所具有的空间属性、时间属性、营造技术属性，及社会文化属性等不同类型的信息形态。

将建筑历史信息模型与虚拟现实、增强现实、混合现实等数字相结合，生成历史建筑高保真的三维空间影像，这种形式应用于文化遗产保护的两个方向：其一是面向文化遗产保护领域的专家学者等专业人员，其功能主要是基于文化遗产信息的空间属性，组织建筑遗产可视化交互系统的信息架构与内容呈现，有助于形成对建筑遗产历史信息的深度挖掘，并对遗产保护的相关决策起到辅助作用；其一是面向社会公众，将建筑历史信息模型应用于文旅产业、文化遗产的数字化传播等领域，以互动娱乐的形式加强用户对优秀文化遗产的认知[18]。

2.3.4 航空航天遥感技术

航空航天遥感技术在建筑遗产信息模型（HBIM）系统中的作用主要是数据采集和数据提供。航空航天遥感技术是一种非接触式的遥感技术，可以通过卫星、飞机、无人机等平台获取高分辨率的影像数据和其他地理信息数据。在建筑遗产保护中，航空航天遥感技术也有着广泛的应用，可以提供大量的地理信息数据，为建筑遗产的保护和管理提供支持。航空航天遥感技术在建筑遗产保护的前期阶段提供了高价值的研究资料。航空影像的分辨率已经能够达到厘米级的精度，光学影像可以用于分析地表的阴影土壤和植被特征，红外波段的遥感影像能够突出在某些条件下的考古目标。激光、雷达、遥感技术以及微波遥感技术能够透过茂密的植被以及其他遮蔽物判断建筑遗产的状态。航空航天遥感技术可以利用遥感卫星、无人机等高精度传感器获取建筑遗产的三维信息、形状和外部环境，包括建筑遗产的尺寸、位置、纹理、颜色等数据。这些数据可以被用来创建BIM模型中的三维模型，使得建筑遗产的形态和结构可以被完整地捕捉和呈现。

航空航天遥感技术可以生成各种遥感产品，如地图、DEM（数字高程模型）、DSM（数字表面模型）等。这些数据可以被用来为BIM系统提供背景资料，比如地形、建筑周边环境等。在HBIM系统中，这些数据可以被用来进行空间分析和多维数据可视化，帮助管理人员更好地了解建筑遗产的历史演变和现状。

航空航天遥感技术在建筑遗产保护中应用广泛，具有以下几个方面的优势：

航空航天遥感技术可以获得高分辨率的空中图像和数据，包括正射影像、高分辨率数字表面模型、数字高程模型等。这些数据可以提供历史建筑物的全景视图和详细的空间信息，支持历史建筑物的建模和分析。

航空航天遥感技术可以获取历史建筑物的非接触式数据，避免了直接接触对历史建筑物的破坏，同时可以在较短时间内获取大量数据，提高了数据的获取效率。

建筑遗产的数字化记录和测量。航空航天遥感技术可以提供高分辨率的影像数据，可以用来进行建筑物的数字化记录和测量。例如，可以使用卫星或无人机拍摄建筑物的高分辨率影像，然后通过图像处理和遥感软件进行建筑物的测量和数字化记录，生成建筑物的三维模型。这些数据可以为建筑遗产的管理和保护提供参考。航空航天遥感技术可以在建筑物内部和周围进行大规模的数据采集和建模，生成高精度的三维建筑物模型，实现了对历史建筑物的全面数字化。

基于以上优势，航空航天遥感技术在建筑遗产保护中的应用包括：

建筑物遥感调查：通过航空或卫星遥感技术，对历史建筑物进行全面调查，获取高精度的数字地形和地貌数据，为历史建筑物的数字化建模提供支持。

建筑物数字化建模：基于航空航天遥感技术获得的数据，使用三维建模软件进行建筑物的数字化建模，生成高度精确的HBIM模型，为历史建筑物的保护和管理提供支持。

建筑遗产的监测和变化检测：通过航空航天遥感技术，实现对历史建筑物的非接触式保护，避免了直接接触对历史建筑物的损害。航空航天遥感技术可以提供多时相的影像数据，可以用来监测建筑遗产的变化。例如，可以使用多时相影像数据进行建筑物的变化检测，发现建筑物的损坏、破坏等情况，及时采取措施进行保护和修复。

建筑物历史文化价值评估：基于航空航天遥感技术获取的高分辨率图像和数据，结合历史文献和专家意见，对历史建筑物的历史和文化价值进行评估，为历史建筑物的保护和管理提供决策支持。

建筑遗产的宣传和推广：航空航天遥感技术可以提供高质量的影像数据和地理信息数据，可以用来进行建筑遗产的宣传和推广。例如，可以利用卫星影像、无人机影像等展示建筑遗产的美丽和历史价值，吸引更多人了解和关注建筑遗产，促进建筑遗产的保护和发展。

航空航天遥感技术在建筑遗产保护中已有广泛的应用，例如希腊地球物理-卫星遥感与考古环境实验室及地中海研究与技术基金会的阿索斯、阿加皮乌等人曾经联合中国科学院地球物理卫星遥感在塞浦路斯进行过一次实验，通过分析考古地区超光谱辐射数据的方法来推测地下遗迹的具体位置，成功验证了地面光谱辐射数据用于探测掩埋建筑遗迹的可能性。阿加皮乌等人采用地面光谱辐射数据（通过地面光谱辐射计采集）进行勘测。

阿加皮乌实验的地点位于塞浦路斯的西南海岸地区，这里疑似存在着尚未发掘的地下建筑遗迹——经地球物理勘测显示，阿卡隆村落东侧存在具有高磁化强度的矩形结构区域，在南北和东西方向线性对齐，长度超过70米。

2.3.5 应用于建筑遗产的三维激光扫描技术

三维激光扫描技术（Three-dimentional laser scanning），是利用激光测距原理，通过扫描目标物体表面的三维点云数据，记录被测物体表面大量密集点的三维坐标、反射率、纹理等信息的一种现代数字化测量技术[19]。传统测绘技术是单点目标高精度测量定位，它是对指定目标中的某一点位进行精确的三维坐标测量，进而得到一个单独的或一些离散的点坐标数据。应用此类技术的有三维坐标测量仪、全站仪、激光测距仪等。三维激光扫描则是对确定目标的整体或局部进行完整的三维坐标数据测量，得到完整的、全面的、连续的关联的全景点坐标数据，利用激光测距的原理，通过记录被测物体表面大量密集点的三维坐标信息和反射率信息，将各种大型实体或实景的三维数据完整地采集到计算机中，进而快速复建出被测目标的三维模型及线、面、体等各种图件数据[20]。

三维激光扫描仪的工作原理是通过发射红外线光束到旋转式镜头的中心，旋转检测环境周围的激光，一旦接触到物体，光立刻被反射回扫描仪，根据红外线的位移数据计算激光发射点与物体的距离，最后通过编码器来测量镜头旋转角度和水平角度，以获得每个点的X、Y、Z坐标。激光扫描仪采用自动的、实时的、自适应的激光聚焦技术（在不同的视距中），以保证每个扫描点的测距精度及位置。三维激光扫描仪的基本原理是飞时测距技术（TOF），根据激光从发射到返回所需的时间来计算目标对象距离扫描仪激光发射器的距离。

其可以非接触的方式获取复杂目标物体的三维数据信息，达到复建被测目标的三维模型及线、面、体等数据的目的，具有快速、实时、高密度、高精度、数字化、自动化等特点，被广泛应用于建筑测量、文物保护、地形测绘、采矿业、变形监测等领域[21]。概括来讲，激光三维扫描仪在建筑遗产保护中具有以下几点优势。

高精度：激光三维扫描仪相较于其他测绘方式具有更高的精度，这对于建筑文化遗产的记录和保护至关重要。例如，莱卡公司推出的最新三维激光扫描仪，可以在100米距离处达到0.8毫米的扫描精度。这种高精度的扫描技术可以完整地记录建筑文化遗产的细节，为保护和修缮提供重要的支持。三维激光扫描仪在建筑遗产保护修缮中发挥着重要的作用。其中，FARO Focus350、RIEGL VZ-6000和Z+F5010c是常见的三维激光扫描仪，它们能够快速采集点云数据。以FARO Focus350为例，其最高采集速度可达976,000点/秒，RIEGL VZ-6000激光发射频率为300,000点/秒，Z+F5010c最高可达1,016,000点/秒。此外，主流的三维激光站式扫描仪可以在10分钟内完成半径为10米的球形区域覆盖采集，达到单点精度4-6毫米，横纵点间距在2毫米左右的要求。这些设备和技术可以提供古建筑保护修缮所需的几何信息采集和处理，为古建筑保护和修缮提供有效支持。

非接触性：三维激光扫描技术不需要与建筑物直接接触，可以在不破坏建筑物的前提下进行扫描采集，避免了对建筑物的损伤和破坏。这对于建筑遗产保护来说尤其重要，因为保护修缮的首要原则是尽可能地保留和修复原有的建筑结构和材质，三维激光扫描技术的非接触性可以最大限度地保护建筑物的完整性。

全面性：三维激光扫描技术可以在不同角度和距离对建筑物进行全面的扫描，获得全方位的数据信息，从而减少了遗漏和重复采集的风险。在建筑遗产保护中，全面的数据采集可以更加全面地反映建筑物的实际情况，便于进行保护修缮的规划和决策。

高效性：三维激光扫描技术采集数据速度快、处理效率高，可以在短时间内获得大量的建筑物数据信息，提高了数据采集和处理的效率。这对于大规模的建筑遗产保护工程来说尤其重要，因为传统的测绘方法需要大量的时间和人力成本，而三维激光扫描技术可以大幅度提高数据采集和处理的效率，减少了工作量和成本。

虽然三维激光扫描技术具有速度快、精度高等优势，但是这项技术在文化遗产保护领域的应用中也存在一些缺陷，主要包括以下几个方面：

成本高昂：三维激光扫描技术所需的设备价格较高，需要投入大量的资金购置，特别是针对较为复杂的建筑遗产，还需要配备更高级别的设备，这将对项目的经济性产生一定的影响。

数据处理量大：三维激光扫描技术获取的点云数据庞大，需要进行数据处理，处理过程需要消耗大量的计算资源和时间，对于数据处理技术和人员的要求也较高。

存在盲区：由于激光束在某些情况下可能无法到达或反射，例如某些角落或凹陷处，因此可能无法获取完整的建筑物信息。这将会导致建筑物的某些部分没有被完全记录下来，从而影响后续的分析和处理。

精度受环境影响：三维激光扫描技术的精度受到许多因素的影响，例如激光反射表面的特性、光线穿过空气时所遇到的障碍物以及外部环境中的温度、湿度等因素。这些因素的变化可能会导致测量精度的变化，从而对后续的分析产生影响。

尽管三维激光扫描技术存在一些缺陷，但其具有极高的先进性，在保护高价值建筑遗产方面发挥着不可替代的作用。早在2004年，北京故宫博物院就应用了三维激光扫描技术对太和殿、神武门、慈宁宫等重要文化历史建筑实施空间数据采集。此外，欧美一些研究团队也在21世纪初对罗马的庞贝古城和玛雅文化的科潘遗迹等重要建筑遗产进行了三维激光扫描的数据采集。因此，三维激光扫描技术在保护和保存人类文化遗产方面具有重要的应用价值。

庞贝（Pompeii）是古罗马时期一座繁华的商业城市，人口密集，拥有完善的市政建筑如市政广场、神庙、大会堂、浴室、商场、剧场、体育馆、斗兽场、引水渠等；同时，该城还有大量的民居住宅和生活设施。公元79年，维苏威火山爆发，将这座古城摧毁，5.6米厚的火山灰覆盖了整个城市。1700多年后，人们挖掘出这座封存的古城，庞贝古城成为了解古罗马文明的重要窗口，也是欧洲建筑遗产保护领域的重要研究对象[22]。

安妮·玛丽·利安德·图阿蒂（Anne-Marie Leander Touati）是瑞典隆德大学考古和古代史系教授，曾担任罗马瑞典研究所主任。2000年，他开始主持庞贝古城的田野调查项目，该项目持续了13年，旨在记录和分析庞贝古城一个完整居民街区的建筑遗产信息。该研究项目考察的民居建筑街区在火山爆发之前已有250年历史。研究项目的主要目的在于研究和分析整个街区的建筑布局和建筑单体之间的相互关系，以提供与古罗马时期城镇生活相关的资料。

庞贝古城街区的研究者自1830年开始在其最南端进行了挖掘，而其北端则在1870年被挖掘出土。由于时代的限制，挖掘当时只对现场进行了简单的维护。为重新开展研究工作，课题组的首要任务是重新清理和维护考古现场。该课题组通过摄影详细记录历史建筑的结构和地面影像，并对墙体上的泥灰进行成分分析。在实验室建立了完备的影像文档，对每个房间都做了详细的影像资料的记录。这一工作对于研究庞贝古城街区的历史建筑结构和建筑材料提供了可靠的资料支持。

课题组在2011年和2012年进行了两次整个街区的三维激光扫描，以获取完整的空间结构资料。通过后期处理点云数据，生成了三维多边形模型文件。这些文件被优化处理后公布在公开网站上，世界各地的研究人员可以利用网站提供的测量和查询工具，进一步研究这些历史遗迹；同时，研究人员还通过使用数字化的建筑信息软件分析三维激光扫描所获得的模型，以数字化方式生成了整个街区的平面图和剖面图。

对历史遗迹的三维激光扫描于2011年和2012年的秋季进行，项目组成立了一个6人的团队，其中3人来自瑞典隆德大学考古和古代史系，另外3人来自意大利罗马的文化应用技术研究所。项目所使用的三维激光扫描仪是德国FARO公司生产的FaroFocus 3D和FaroPHOTON 120。三维激光扫描所覆盖的范围包括这个历史街区1330平方米的建筑遗迹。该项目使用了三维激光扫描仪，采样距离为10米时的平均采样精度为1厘米。项目采集点的总数超过10亿个，采集时间为7天，其中2011年采集了3天，2012年采集了4天。为了提高工作效率，团队成员在三维扫描过程中没有使用坐标标记，而是采用了无标记的对齐程序来对各部分的扫描结果进行拼接，考虑到扫描站点数量和扫描区域的重叠程度。虽然该方法能够获得较好的表面覆盖率，但在后期处理中需要计算对齐庞大的采样点数据量，这对团队成员来说是一个巨大的挑战。为了解决这个问题，团队成员采用了分区域拼接处理的策略，按照整个地块中房屋的组织形式对拼接区域进行划分，并在点云数据的后期处理中，以尽可能小的范围进行扫描数据的独立对齐，以保持对齐误差在较低水平。随后，团队成员利用重叠的表面将较大的区域进行对齐，并将各部分完整地拼合成这一民居街区的三维点云模型。通过以上操作流程，团队成员成功实现了全局的对齐效果，最终整个区域的平均误差小于1.5厘米。虽然数量巨大，但采用这种分区域的拼接处理策略，团队成员能够有效地处理对齐数据，同时保证全局对齐的准确性。

在全局对齐的点云生成之后，课题组利用泊松网格重建（Poisson surface reconstruction）方法生成了整个街区的三维多边形模型。为了进行几何处理，团队成员使用了开源网格处理工具MeshLab，并通过Blender对多边形模型进行了优化。此外，为了让模型更加真实，团队成员还对模型表面进行了纹理映射的处理。整个过程中，团队采用了专业的软件工具和技术，保证了模型的准确性和真实感。

该项目组已经建立了一个内容完备的网站，提供了关于庞贝古城遗址保护项目的全部信息，世界各地的研究人员可以通过互联网方便地检索相关的研究成果。该网站包括文字资料、影像资料和可交互的三维模型，甚至还有一些通过激光扫描获取的三维模型生成的第一人称建筑游览视频。此外，该课题的研究成果还包括构建了一个基于web的3D GIS系统，该系统用于记录和分析庞贝古城遗址这一复杂的考古遗址。该系统整合了历史遗迹的三维模型资料、建筑构件和平面布局图纸，以及相关地理参考的考古数据，提供了全面的三维空间信息分析工具。

2.3.6　应用于遗产保护领域的结构光扫描技术

结构光扫描仪是一种常用于文化遗产保护领域的三维空间信息获取设备，它通过使用光栅投影单元和两台高分辨率数码相机来获取被扫描物体的三维空间信息。结构光扫描仪适用于采集建筑遗产等结构比较复杂且体型较小的构建。在扫描时，光栅投影单元向被扫描物体投射一组具有相位信息的光栅条纹，两台数码相机从不同的角度对被扫描物体进行拍摄。所拍摄的图像实时传输到计算机中，通过配套的软件计算出被测物体的三维空间信息。主要原理是依据双目立体视觉原理进行计算，通过固定的焦距镜头和相对角度，利用三角测量原理计算出被测物体上特征点的空间关系，形成密集的点云数据。配套的扫描软件可以将点云数据转换成优化的三维多边形模型顶点[23]。

相比于其他三维激光扫描仪，结构光扫描仪有其独特的优点：它能够处理比较小且具有复杂结构的物体，同时具有更高的精度和分辨率，能够捕捉到更多的细节和特征。此外，结构光扫描仪采用无接触式扫描，可以避免对被测物体的损伤和破坏，同时也减少了人为因素的干扰，提高了数据采集的准确性和可靠性。这使得结构光扫描仪成为文化遗产保护领域中非常重要的工具之一。

结构光扫描仪在文化遗产保护领域有着广泛的应用，尤其在尺度较小的复杂物体的三维重建过程中起到了重要的作用。在文化遗产保护工作中结构光扫描仪具有以下优势：

结构光扫描仪采用非接触式的工作原理来获取文物实体的三维信息，不会对文物造成外观上的任何损害。光栅投影单元一般采用LED光源，向被测物体投射白色的可见光，不会对文物表面产生光化学反应。结构光扫描仪的稳定性高，适用范围广泛，因此成为文化遗产保护领域中不可或缺的重要工具。

结构光扫描仪采用双目立体视觉的原理进行数据解析。在扫描时，光栅投影单元会投射出一组具有特定编码的条纹光斑。通过对左右两幅具有编码信息的影像进行计算解码，软件可以计算出精确的特征点三维坐标，从而实现对被扫描物体的高分辨率三维结构信息的获取。这种扫描仪的扫描精度可以达到0.1毫米左右，具有较高的测量精度，因此适用于对结构复杂的物体进行高精度测量。它的应用范围广泛，为科学研究提供了可靠的数据支持。

结构光扫描仪采用高精度数码相机和自动旋转转盘相结合的方式，实现对物体的360°全方位扫描。转盘在工作时，能够精确地按照特定的角度进行旋转，与高分辨率数码相机协同工作，提高了扫描效率。该扫描仪具有自动扫描模式，适合扫描体量较小的物体。同时，结构光扫描仪也可以手持，对体量较大的物体进行三维空间扫描，同样能够以高效率获得精确的三维结构信息。

结构光扫描仪主要利用光栅投影单元投射出的高强度可见光进行成像，因此可以在露天环境下进行扫描，适用于绝大多数文化遗产的工作环境。该扫描仪采用LED光源发出的白色可见光，对人体没有辐射危害。因此，使用结构光扫描仪进行文化遗产的三维数字化保护和修复是一种安全、可靠、高效的方法。

结构光扫描仪采集的点云数据在后期处理时，通过优化处理可以转换成通用的多边形三维模型数据，其中主要包括几种不同的三维数据格式。这些格式经过优化处理后，可以应用于建筑信息模型(BIM)、三维动画、建筑文化遗产浏览视频的制作等领域；同时，还可以将这些数据导入到Unity等三维交互引擎中，开发出可交互的文化遗产信息展示系统。这种系统可以向公众展示文化遗产的三维模型、历史信息、文化背景等内容。

在建筑遗产保护领域，结构光扫描仪作为一种数字化手段，被广泛应用于三维信息获取和建筑文物保护中。然而，尽管结构光扫描仪具有许多优点，但它也存在一些局限性。

首先，结构光扫描仪适合对体量较小的独立构件进行三维信息获取，但无法对体量较大的建筑物进行整体的三维扫描。这是由于扫描仪在扫描时需要保持一定的距离和角度，而对于大型建筑物，需要对其进行多次扫描并进行拼接处理，这会导致时间和成本的增加。

其次，结构光扫描仪虽然能够获得精度较高的三维结构信息，但是其自身的工作原理无法获得被扫描物体表面的纹理信息，这使得扫描结果缺乏表面纹理信息，难以还原真实的建筑遗产表面细节。虽然可以通过附加纹理模块来获取表面纹理，但是其精度非常有限，需要和其他数字化手段结合使用才能获得更理想的效果。

再次，结构光扫描仪在扫描过程中也存在一些技术难题，例如在复杂的场景中，由于光线的反射和折射，会产生阴影、扭曲和深度失真等问题，这会导致扫描结果的精度降低。

最后，结构光扫描仪的使用需要相应的技术和专业知识，操作过程中需要考虑多个因素的影响，例如扫描的距离、角度、光源的强度和方向等。这对操作人员的技术水平和经验提出了一定的要求。

因此，尽管结构光扫描仪在建筑遗产保护中具有很高的应用价值和发展潜力，但在实际应用中需要考虑其局限性，结合其他数字化手段和实地调研等多种手段进行综合应用。

2.3.7 摄影测量在建筑遗产保护领域的应用

数字摄影测量法最早是在地理信息学领域中被广泛应用。根据美国摄影测量与遥感学会的定义，摄影测量是通过对摄影图像进行解析和测量从而获得相关物理实体对象和环境的空间信息的科学技术。在摄影测量中所使用的图像源于摄影器材的拍摄或其他影像记录设备，通过摄影测量技术所得到的空间环境信息其形式通常为地图及被测量对象的正投影图纸。随着计算机图形学的发展，近年来摄影测量技术更多地被用于测量对象三维模型的生成。

摄影测量技术具有便捷高效的特性，被大量地应用于文化遗产保护中对历史遗迹的地理信息测绘、数字化重建、数字化复原、可视化展示、建筑结构分析以及建筑布局变化的记录。摄影测量所应用的对象小到青铜器、陶器等馆藏文物，也可以是大型的建筑文化遗产，甚至是整个的街区和城市，具有广阔的应用范围[24]。对于城市街区等大体量环境的摄影测量通常使用航空摄影测量的方法。通过使用飞机或者是无人机，向地面拍摄多张具有重叠区域的影像，然后使用特定的照片建模软件，生成测量区域的三维模型。对于体量较小的被测物体可以在地面使用手持或者是三脚架，环绕物体拍摄大量具有重叠区域的影像。最终通过照片建模软件生成被测物体的三维点云数据，进而由点云数据生成被测物体的三维多边形模型文件。

目前应用于文化遗产保护领域的摄影测量技术，可以分为以下几种形式。

1. 基于地面的近景摄影测量。

2. 基于小型无人机的低空摄影测量。

3. 基于固定翼飞机及直升机的航空摄影测量。

4. 基于卫星影像的航天摄影测量。

近景摄影测量主要是指操作人员在地面手持照相机或者通过三脚架固定相机，连续拍摄多张具有相互重叠部分的静态照片，通过对静态照片的自动矫正及图像计算，得到被测量物体的相关数据及三维模型，以及表面纹理影像。近景摄影测量的距离通常是在几分米至200米之内，所测量的对象可以是一些小型的建筑构件，以及高度在5米以下的建筑单体。近景摄影测量在建筑遗产保护中主要有两种应用方式：一是利用近景摄影测量的图像经过纠正和拼合后得到建筑遗产立面的正射投影图像；二是利用近景摄影测量的序列图片，经过拟合计算得到小体量建筑单体及建筑构件的数字化三维模型[25]。

无人机低空摄影测量是一种高精度的影像获取技术，常用于获取建筑遗产及其周边区域的影像。该技术使用高精度摄像机，能够以垂直地面的拍摄及倾斜摄影两种模式进行拍摄，通常在20米到500米的高度范围内操作。无人机低空垂直摄影所获得的影像可用于拼合出局部范围的建筑布局正射投影图像，而无人机在低空围绕建筑物不同角度以倾斜方式所拍摄的影像则可用于获得精度较高的建筑遗产数字化三维模型。相较于地面的近景摄影测量，无人机低空摄影测量更适合于获取高度较大的建筑遗产三维模型，如古塔和楼阁等；同时，该技术也适用于对街区寺庙、宫殿等建筑群进行倾斜摄影测量，以获得建筑群的三维数字化模型。

航空摄影测量是一种高效的影像获取技术，其通常在1000米到10000米的高度范围内操作，更适合于对整个城市或街区进行垂直影像拍摄。通过该技术可以获取较大范围的建筑布局及周围环境的正射投影图像，对建筑遗产的整体规划及空间环境的分析有着重要作用。相较于其他技术，航空摄影测量具有以下优点：首先，能够居高临下地观察，获取全面的影像信息；其次，航片能够客观地记录下同一时间内地面的各种特征，具有高度的可靠性；再次，航空摄影还能够记录动态现象，为现场实况提供了永久性记录，同时也为后续研究提供了充裕的时间和数据支持；最后，航空摄影还能够提高空间分辨率，进一步提高影像的质量和精度。

航空照片具有以下要求：首先，影像应呈现清晰的图像，具有一致的色调和适度的反差；其次，为了拼接出完整的地图，相邻两张照片应有一定的重叠区域，通常要求重叠度在55%-65%之间；相邻航线之间的影像重叠，称为旁向重叠，要求有30%左右的重叠度；航空摄像片的倾斜角应尽可能小，一般不应大于2°，少数情况下最大倾斜角不应超过3°；航线的弯曲程度不应过大，最大偏离值与航线全长之比不应超过3%。这些要求有助于获取高质量的航空照片，从而用于制作高精度地图。

南京林业大学张清萍教授等人综合应用了摄影测量及三维激光扫描等技术对苏州环秀山庄进行了高精度的三维数字化模型重建，并在此基础上构建了苏州私家园林历史信息管理系统，整合了园林信息的逻辑关系及各种园林信息要素。该研究采用DJI Phantom 4 Pro无人机系统进行无人机摄影测量（UAVDP），搭载相机的镜头具有0.30米焦距长度、2000万像素和FOV 84°的视角。共规划10条飞行航线，其中6条为东西向航线，4条为南北向航线，并设定地面平均分辨率为3厘米。实际拍摄高度约为30米，一次飞行历时约15分钟。共拍摄141张照片，每张照片覆盖面积约62556平方米，照片分辨率约为3厘米/像素，平均地面采样距离约为2.2厘米。采用数码单反相机 Canon EOS 5D Mark II 进行地面摄影测量，焦距长度为 24 毫米，分辨率为 5616×3744 像素。共拍摄约 492 张叠山照片，照片之间的最小重叠率约为 40%[26]。

苏州环秀山庄课题中对园林要素进行测量，并使用不同的测量技术。对于特置石和叠山这类空间充足的要素，可以采用操作简便、测量结果理想的地面近景摄影测量技术。然而，对于园林建筑、叠山中沟壑洞穴等复杂的要素对象，需要使用更精确的地面三维激光扫描技术。当地面测量技术无法覆盖高处区域时，如园林建筑屋顶和高大乔木树冠上部，无人机近景摄影测量技术可以提供完整的测量数据。水体信息的获取需要结合使用无人机近景摄影测量技术和驳岸假山的地面三维激光扫描和地面近景摄影测量技术。因此，该研究建议在环秀山庄后院大片叠山的数据获取中，使用地面三维激光扫描和地面近景摄影测量技术相结合的方式；在前庭和后院特置石的数据获取中，采用地面近景摄影测量技术；在园林植物数据的获取中，使用地面三维激光扫描和无人机近景摄影测量技术相结合的方式；在园林建筑的数据获取中，使用地面三维激光扫描和无人机近景摄影测量技术相结合的方式。该研究利用现代数字化测绘和三维信息化技术，对苏州私家园林进行了三维数字化数据和信息的构建，并提出了将该技术应用于苏州私家园林的完整理念和方案。

2.3.8 GIS数据库在建筑遗产保护领域的应用

地理信息系统（Geographic Information System，简称GIS）是一种数字系统，由计算机硬件、软件和各种方法组成，旨在支持空间数据的采集、管理、处理、分析、建模和显示。GIS系统通过处理地理空间数据，可以帮助用户解决复杂的规划和管理问题。该系统可应用于各种领域，例如土地利用规划、城市规划、环境保护、资源管理、农业、气象预测等。GIS系统为研究和管理地理空间信息提供了一种有效的工具和方法[27]。

自古以来，人类在生产和生活活动中需要使用大量的信息，这些信息包括图形、文字和数字等形式的信息，用于信息的沟通、描述和记录。在这些信息中，有相当一部分与人类活动在地球表面的空间位置有关。因此，必须对空间地理信息进行准确的表达，以有效地进行信息的传递。这类信息在人类的政治、军事、生产、生活和经济活动中大量使用，这就是我们今天所理解的地理信息。地理信息是指数字、文字、图像等形式的信息，用于表征地理环境中固有要素或物质的数量、质量、分布特征及其规律的总和。这些信息包括地形、地貌、气候、土壤、水资源、动植物分布等自然地理要素，以及人类活动、交通、通信、能源、工业、农业、城市建设等人文地理要素。地理信息的采集、存储、管理和分析对于国家的决策、规划和管理具有重要意义[28]。

自20世纪80年代以来，随着数字科技的高速发展，地理信息的采集、记录、存储和管理方式都发生了巨大的飞跃，GIS系统被广泛地应用于各个领域。在建筑遗产保护领域，GIS系统发挥着重要的作用。当前建筑遗产保护的理念更加注重建筑遗产与周围环境的关系。《威尼斯宪章》明确指出，古迹的保护不能与其环境分离。1987年的《华盛顿宪章》明确提出了历史地段以及更大范围的历史、城镇城区的保护意义与作用，阐述了保护原则和保护方法。我国建设部联合中国城市规划设计研究院于2005年制定并推出了《GB 50357-2005历史文化名城保护规划规范》，具体提出了建筑遗产、历史文化街区和城市规划的保护内容、保护重点、保护范围以及保护方法等方面的操作规范。

随着数字科技的高速发展，GIS系统为建筑遗产的单体与历史街区、城镇规划以及自然环境之间的关系提供了科学的研究和管理手段。近20年来，基于GIS的研究方法在建筑遗产保护领域得到广泛应用，历史GIS成为建筑遗产领域的研究热点。研究团队利用GIS的地理空间可视化功能和数据的分析管理功能，挖掘出与建筑遗产相关的空间信息的变化规律，从而提出更多有价值的论点和论据，为遗产保护提供科学支撑。

中国历史文化遗产保护进入数字化、信息化时代，GIS技术灵活应用于历史城镇、街区、街巷和建筑保护领域。GIS技术帮助规划人员理性指导历史文化遗产的管理、更新和保护规划工作。这表明数字技术在历史文化遗产保护领域的应用具有更多可能性，而GIS技术的不断发展和历史文化遗产保护工作的不断深入，将进一步推动数字技术在历史文化遗产保护领域的应用和发展。

近年来三维形态的数字化建筑模型更多地引入GIS的信息表达中，GIS的信息内容突破了传统二维图形和数据内容的局限，GIS中的建筑遗产信息更有了空间的维度和时间的维度。

地理信息系统(GIS)在建筑遗产保护领域的应用有以下方式：

1. 在地理信息系统中建立建筑遗产相关历史信息的数据库，将建筑遗产的属性信息和空间地理信息相关联，从而更好地实现信息的检索、分析和管理。

2. 基于地理信息系统中历史信息的数据库构建，结合大数据分析和人工智能算法的应用，对遗产保护地域的海量地理空间信息进行高效的分析，从而对遗产保护策略的制定以及城市规划的决定，遗产地域的相关市政管理工作提出切实可行的方案。

3. 地理信息系统（GIS）为建筑遗产的单体保护和所在地域规划提供数字化的可视化分析工具。通过GIS输出的图纸，可以方便地标注各种遗产保护研究和管理所需的信息，从而辅助规划人员在管理、更新和保护方面进行理性的指导。同时，GIS中的三维可视化技术与卫星遥感图形的结合，能够为遗产保护工作提供更多维度的丰富信息，帮助人们更全面地了解和掌握建筑遗产的特征和变化规律。

4. WEB-GIS是地理信息系统和互联网的有机结合，它利用基于互联网的技术实现了建筑历史信息的在线检索、查询分析和共享。网络平台能够分布式构建地理信息系统数据，实现跨地区和全球的遗产历史信息共享，为遗产保护的研究工作提供更为丰富的信息来源。此外，WEB-GIS还能够利用互联网的交互性和多媒体特性，提供更加直观、丰富的地理信息可视化展示，以及在线协作和决策支持的功能，进一步促进遗产保护工作的规范化、科学化和民主化。

近年来，国际学术界开始将地理信息系统（GIS）技术应用于历史文化资源管理，形成了著名的历史GIS研究领域。历史GIS通过自动绘图和空间可视化功能，帮助展现和诠释城市历史空间，并结合典型案例，利用GIS技术分析历史问题。此外，随着三维GIS和虚拟现实技术的发展，虚拟历史环境也成为国际研究热点。这表明将GIS技术应用于历史文化遗产保护已成为国际主流趋势。

利用地理信息系统（GIS）、遥感技术（RS）、全球定位系统（GPS）三维技术，可以构建建筑遗产空间数据库，实现空间数据和属性数据的完美结合。本研究以长沙市历史信息基础数据为对象，调研、储存、处理和分析历史信息资源，构建了历史文化名城空间数据库，该数据库覆盖广、数据翔实、功能全面。其中，历史街巷空间信息是指它所在的位置，而属性信息则包括它的名称、所属年代、保护级别、评价得分、保护意见等。GIS可以将空间数据和属性数据通过对应关系结合为整体，实现空间数据和属性信息的交互检索，高效高质管理历史信息资源，给管理工作带来了极大的方便。

GIS地理空间系统在建筑遗产保护领域已经有一些比较成熟的应用。例如，湖南大学陈飞虎教授等人，采用历史街巷保护评价体系，应用GIS空间分析、德尔菲法和数学统计等方法对长沙历史城区内的14条历史街巷进行了量化评价分析。通过对专项价值和综合价值的评估，提出了长沙历史街巷特征保护、分级保护和保护紧迫性建议，为长沙历史街巷的保护规划决策提供科学技术支持，促进城市历史特色的可持续发展[29]。

在课题中基于GIS技术平台，只需把历史资源基础数据完整正确地输入空间数据库，便可得到各类专题的统计表格；同时，能够随时修改和增补，实现数据库动态更新。这为规划工作人员及时掌握该历史资源的空间分布状态、空间位置信息和属性信息提供了方便。该研究充分利用GIS技术的空间数据处理、可视化、数据统计等功能，为历史文化遗产保护提供了新思路和新方法，为长沙市历史文化保护工作提供了支持和保障。

地理信息系统（GIS）的主要特点是空间分析，它为长沙市历史文化名城的保护规划提供有效的技术支持。通过翔实的空间数据和属性数据基础，并利用高效的算法进行空间分析，可以构建以GIS技术平台为基础的长沙市历史街巷保护评价模型。通过该评价模型进行定量分析，可以获得长沙市历史街巷的特征保护建议、分级保护建议、保护紧迫性建议等，从而辅助规划工作人员作出理性决策。该评价模型对长沙市历史文化名城的保护规划设计与管理工作具有实际指导意义。

GIS技术的核心目的是为数字化地图的计算机处理和网络传输提供便利。通过对空间数据进行处理、分析、输出、可视化等操作，GIS能够以图形的方式呈现地理要素的复杂关系，从而构建出符合实际的模拟空间。在城市历史街巷保护规划中，需要将历史保护资源的相关数据进行图示化表达。由于保护规划数据信息量庞大而复杂，采用传统的AutoCAD制图法需要耗费大量时间和精力才能完成。而GIS则具备便捷的专题制图优势，能够更好地满足多层次、控制性发展的城市历史街巷保护规划的需求[30]。

建立历史文化名城的GIS空间数据库具有多重意义。首先，该数据库可以实现不同学科领域间的沟通交流，为地理学、历史学等相关学科提供直观可信的图像、数据参照，满足历史文化名城保护工作对多方面学科知识的利用和多种信息资源的需要。其次，该数据库具备很高的扩充性，可以方便地增补新的资源信息。该历史资源空间数据模型的建立的意义不仅在于完成历史街巷保护评价的研究，同时也促进了数字技术在历史文化名城长沙的保护规划工作中的应用，从而开创了一个科学、严谨的历史文化名城保护规划新时代[31]。

---

1. Recording, documentation and information management for the conservation of heritage places［M］. Routledge, 2015.

2. 梁思成. 为什么研究中国建筑［J］. 建筑学报, 1986, 9: 3-7.

3. 刘阳, 李欣. 3DGIS中空间数据可视化的研究与应用［J］. 计算机工程与设计, 2006, 27(6): 1090-1092.

4. Osberg K. Spatial cognition in the virtual environment［J］. 1997.

5. Gardenfors P. Conceptual spaces: The geometry of thought［M］. MIT press, 2004.

6. Wang L, Ding J, Chen M, et al. Exploring tourists' multilevel spatial cognition of historical town based on multi-source data—A case study of Feng Jing Ancient Town in Shanghai［J］. Buildings, 2022, 12(11): 1833.

7. 彭兆荣,李春霞.遗产认知的共时向度与维度［J］.贵州社会科学,2012,1.

8. Bridgeman B, Gemmer A, Forsman T, et al. Processing spatial information in the sensorimotor branch of the visual system［J］Vision Research, 2000, 40(25): 3539-3552.

9. 王颢霖.中国传统营造技艺保护体系研究［D］.北京:中国艺术研究院,2021.

10. 周志光,石晨,史林松,刘亚楠.地理空间数据可视分析综述［J］.计算机辅助设计与图形学学报,2018,30(05):747-763.

11. 斯特凡诺·布鲁萨波奇,帕梅拉·梅耶扎,谢书宁.智慧建筑与城市遗产:应用及相关思考［J］.数字人文研究,2022,2(03):50-60.

12. 林源.中国建筑遗产保护基础理论研究［D］.西安:西安建筑科技大学,2007.

13. 王新文,杜乐.遗址博物馆建筑的功能与形式探析［J］.东南文化,2015(04):15-22.

14. 吴葱,李珂,李舒静,等.从数字化到信息化:信息技术在建筑遗产领域的应用刍议［J］.中国文化遗产,2016, 2: 18-24.

15. 王茹,孙卫新,张祥.基于 BIM 的明清古建筑建模系统实现方法［J］.东华大学学报(自然科学版),2013,39(04):421-426.

16. Malinverni E S , Mariano F , Stefano F D , et al. MODELLING IN HBIM TO DOCUMENT MATERIALS DECAY BY A THEMATIC MAPPING TO MANAGE THE CULTURAL HERITAGE: THE CASE OF "CHIESA DELLA PIET" IN FERMO［J］. Copernicus GmbH, 2019.

17. 罗翔,吉国华.基于 Revit Architecture 族模型的古建参数化建模初探［J］.中外建筑,2009,No.(08):42-44.

18. 吴葱,梁哲.建筑遗产测绘记录中的信息管理问题［J］.建筑学报,2007,No.465(05):12-14.

19. Cheng X, Jin W. Study on reverse engineering of historical architecture based on 3D laser scanner［C］. Proceedings of the Journal of Physics: Conference Series, 2006, 48: 843-849.

20. 白成军,吴葱.文物建筑测绘中三维激光扫描技术的核心问题研究［J］.测绘通报,2012,No.418(01):36-38.

21. 李哲.建筑领域低空信息采集技术基础性研究［D］.天津:天津大学,2009.

22. Dell' Unto N, Landeschi G, Leander Touati A M, et al. Experiencing ancient buildings from a 3D GIS perspective: a case drawn from the Swedish Pompeii Project［J］. Journal of archaeological method and theory, 2016, 23: 73-94.

23. 振峰.城市遥感［M］.武汉:武汉大学出版社,2021:419.

24. 李英.文化遗产的数字化保护分析［J］.文物鉴定与鉴赏,2021(04):162-164.

25. 现代测绘科学技术在文物精细化测绘与数字化保护中的应用［J］.中国测绘,2019(08):28-31.

26. 梁慧琳.苏州环秀山庄园林三维数字化信息研究［D］.南京:南京林业大学,2018.

27. 朱睿,郭小东,王志涛.GIS 在文化遗产保护领域的应用综述 [J].中国文化遗产,2021(04):31-35.

28. 龚健雅.地理信息系统基础［M］.北京:科学出版社,2001.

29. 何婧.基于 GIS 的长沙市历史街巷保护评价模型研究［D］.长沙:湖南大学建筑学院,2015.

30. 唐剑波,赵云.空间信息技术在大型线性文化遗产保护规划中的应用研究[J].北京规划建设,2013(01):79-84.

31. 何韶颖,郑弘,汤众.基于 GIS 的城市历史文化遗产管理信息系统建设研究［J］.广东工业大学学报,2018,35(05):38-44.

第 3 章
建筑遗产三维空间信息构建

3.1 建筑遗产三维空间信息构建的意义

建筑遗产的三维空间信息构建是指对建筑遗产进行数据采集、整合和处理，以获取建筑物的几何信息、空间结构、材质、装饰等方面的数据，以便为数字化三维建模、保护、管理和研究提供数据基础。建筑遗产的三维空间信息构建主要通过激光扫描、摄影测量、无人机航拍、全景摄影等多种技术手段实现。

数字文化遗产是人类文明的重要组成部分，保护和传承数字文化遗产是当今社会的重要任务。而虚拟化数字文化遗产则成为数字化时代中的一种重要手段。创建一个现有文物、建筑或遗址的三维模型，可以让用户以不同的方式进行可视化和交互。从简单的三维浏览器到通过立体声头戴显示器进行虚拟参观，目的始终是通过数字仿真显示物体的几何和视觉特性，支持不同级别的数字三维世界的沉浸感[1]。

将现有的文化遗产建筑、文物或遗址进行三维建模，即将其"虚拟化"，以使用户能够以不同的方式可视化和与之进行交互。从在计算机屏幕上显示模型的简单三维查看器到通过立体声头戴式显示器进行虚拟参观，其目的始终是通过数字化仿真图像展示对象的几何和视觉特征，支持不同水平的数字化三维世界沉浸体验。虚拟模型具有各种潜在的用途，而这些用途往往是原始文物无法实现的。例如，一旦我们拥有博物馆中雕像的虚拟模型，我们可以将艺术品重新置于其原始位置的虚拟模型中（例如，我们可以在虚拟空间中将博物馆陈列的雕塑放置到其原先创建时所在的空间环境中，从而使观众能够体验到建筑空间和雕塑所形成的完整的艺术氛围）。多个逻辑相关但物理空间上分散的艺术品的虚拟模型（例如，分散在多个博物馆中的雕塑家的全部作品）可以被带到一个虚拟创建的空间中，这个空间类似一个从未实际存在过的博物馆画廊或展览厅。此外，可视化和交互是实现许多其他三维模型应用所需的第一要素。三维模型不仅可以复制物理对象，还可以模拟其环境，提供更加丰富的沉浸式体验。通过交互式控制，用户可以在虚拟世界中移动、缩放和旋转模型，以及与其他对象和元素进行互动。通过虚拟现实技术，用户可以进一步探索虚拟世界，并在其中参与虚拟的环境和场景中。这种技术为文化遗产、建筑和艺术品等的数字化保存和展示提供了新的手段，同时也促进了人们对这些文化遗产的保护、研究和交流。

建筑遗产的三维空间信息构建可以为文化遗产保护和传承提供许多帮助和作用[2]，具体如下：

远程访问

当文化遗产由于某些原因位于难以到达的位置时，数字模型可能是实现游览体验的最佳方式。这些原因可能包括游客安全问题、暂时关闭进行修复工作、大量游客对脆弱物品或环境的影响、位置无法访问以及预算限制。即使这些因素不存在，使用虚拟模型预先游览也能够提供所需的背景知识，提高对遗址的理解，并可能加快参观速度，从而增加博物馆接待游客的能力。需要注意的是：虚拟模型并不替代原件，而是补充。因此，虚拟游览的目的是提高参观体验，而不是取代原始的文化遗产。

学习和研究

在人文社会科学领域，例如考古学、艺术史或建筑史等领域，记录有形遗产的存留证据一直是学者们的研究起点。自19世纪以来，快速有效记录的典型工具一直是摄影，对于展示二维物体如绘画或考古遗址的航拍视角仍然有效。但当一个文化物品具有更多的几何复杂性，如一个雕塑，仅凭照片记录通常无法完全记录下来。此外，照片中的度量表现可通过在图像中包含标尺来完成，但这种形式的比例尺度与使用3D数字化技术生成的数字模型获得的毫米精度相比，只能提供大致的近似值。根据不同领域的要求，这种精度的不足可能导致信息的缺失和结果的误解。通过数字模型检查文物、建筑或遗址，可以以一种实物无法达到的方式导航、剖面、透视、测量和比较文化遗产，这使得来自世界各地的学者可以深入研究甚至在他们居住地很远的文化遗产，利用计算机上所有可用工具进行客观和量化的分析。

数字化修复和重建

一旦文化遗产有了数字化对应物，就可以在不触碰原始物品的情况下实现不同的修改或整合3D模型。这种修复可以基于历史文献中的正式规则或其他线索推断出缺失元素的重建。例如，从原始文物表面的颜料分析中推断出雕塑的原始颜色，或从一些残存的实体元素的3D扫描开始，进行建筑物和城市的虚拟重建[3]。

文物状态的记录和监测

为了正确地保护文化遗产，需要对其状态进行持续监测。通过定期进行三维扫描记录，特定文物、结构或场所的形态演化可以揭示肉眼无法察觉的潜在退化进程。这种模型的功能使用使得例如检查由空气污染引起的石质元素的腐蚀，由湿度和温度等不同环境变化引起的木材变形，艺术品修复对其影响以及文化景观的自然侵蚀等成为可能[4]。

物理复制

通过3D打印和数字加工的快速原型制造技术（在工业设计中广泛应用），使得使用艺术品的3D模型来生成其物理复制成为可能。虽然这可能引起道德关切，但是审慎地使用这个过程可以用于一些不需要物理复制与原作品极其相似度的应用。例如，创造一些复制品，暂时替代在其他地方展出的博物馆藏品，或者在展厅中提供接近原作品的复制品，以便游客可以触摸和处理它们，增强他们的博物馆体验。这种增强对于盲人来说尤为有价值。

3.2 基于三维模型的信息系统

3.2.1三维数字化模型与文化遗产信息系统

将特定信息与3D模型的特定几何位置相关联，形成一个信息系统资源，这一过程被称为3D注释。这种方法类似地理信息系统在地理尺度上的应用，可以应用于不同尺度的物体，如文物、建筑或整个考古遗址。3D模型可以与各种不同类型和数量的信息相关联，例如保护记录、地层信息、物品/建筑历史信息、旅游目的的历史信息以及科学分析的技术报告等。这些信息可以通过将单个大网格与局部注释相链接的方式进行传达，也可以通过数据库进行结构化，并且可以通过分段遗产物品的3D模型来适当分层语义组件。这种分层3D插图形式源于机械工程领域和建筑设计领域，被扩展到文化遗产领域，形成了文化遗产信息模型（HBIM）或语义结构化3D模型。该模型的目的是在需要持续维护管理保护工作，以控制建筑遗产不可逆转的恶化情况[5]。

文化遗产信息系统（CHIS）是一个数字化的数据库系统，用于收集、保存、管理、分析和共享文化遗产相关的信息。它可以包括文物、考古遗址、建筑、风景名胜等多种类型的文化遗产信息。文化遗产信息系统通常由政府、博物馆、图书馆、大学和研究机构等组织和机构建立和维护。其作用主要包括以下几点：

1. 文物和考古遗址的数字化记录和图像存档；
2. 研究和分析文化遗产信息的工具和资源；
3. 提供文化遗产信息的在线访问和查询；
4. 促进文化遗产保护和传承的协作和合作。

文化遗产信息系统的建立和使用有助于保护、研究和传承文化遗产，提高公众对文化遗产的认识和重视，促进文化遗产的可持续发展。

对于文化遗产物品、建筑或场所所创建的3D模型，其处理涉及管理大型3D模型存储库的问题，有时这些存储库会在互联网上进行共享。这个问题有两个方面：一方面，需要技术基础设施来存储与模型制作相关的大量数据（例如原始激光扫描或摄影测量图像）；另一方面，需要生成元数据，以详尽地描述模型的内容和将原始物品转化为数字副本的技术过程[6]。

三维数字化模型通过三维扫描和建模技术将实物文化遗产转化为数字化的三维模

型。三维数字化模型能够真实地呈现文化遗产的形态和结构，便于进行展示、传播和研究。同时，三维数字化模型可以作为数字化文化遗产资源的一部分，为文化遗产的保护和管理提供重要的数据来源。

文化遗产信息模型的建立需要借助三维数字化模型，三维数字化模型能够提供真实的建筑结构和形态信息，为建立文化遗产信息模型提供基础数据。三维数字化模型也可以作为HBIM的一部分，为HBIM提供数字化的三维展示和分析。文化遗产信息模型可以提供更全面的历史建筑信息管理和保护，为三维数字化模型的建立提供支持和数据来源。

3.2.2 三维数字化扫描的发展历程

1997年，加拿大国家研究委员会信息技术研究所研发并申请专利了第一批基于三角测量的激光扫描仪，用于数字化遗产物品。随后，斯坦福数字米开朗基罗项目在1998年启动，利用激光扫描仪对20座米开朗基罗雕塑进行数字化，其中包括世界著名的5米高的大卫像。该项目得到了广泛关注和报道，引起了人文和工程领域专业人士的极大关注，并向公众展示了交互式3D模型相比静态照片所提供的更多信息。此后，随着激光雷达技术的发展，第一批大型3D激光扫描仪被商业化推出。最初被设计用于工厂复杂空间结构的测量，第一批扫描仪Cyrax 2400每秒可以测量800个点，最大测距为50米，测量误差为6毫米。不久之后，它被用于数字化文化遗产场所。随着时间的推移，数字化速度越来越快（目前可达每秒100万个点），分辨率越来越高，同时也加入了颜色纹理重叠于几何数据之上，并且测量误差也得到了大幅降低。然而，从最初的应用开始，人们就清楚地认识到这种技术具有卓越的潜力，同时也需要耗费大量的时间用于采集3D数据，尤其是后续的处理，以生成最终的数字3D模型。考虑到这样的数字对象只是其他可能应用于人文和社会科学领域的起点，例如创建虚拟博物馆或生产艺术品的物理复制品，因此研究人员在过去的20年中致力于简化数字遗产三维数字化的各个步骤，使之更短、更简单和更自动化。因此，数字化文化遗产的三维数字化采用不同的方法，包括：

1. 针对物质遗产资产，如雕塑、绘画、建筑等，它们呈现出当前的形式；

2. 针对非物质或"无形"遗产，例如仪式手势、舞蹈等在3D空间中的时间演变定义；

3. 从遗址的数字化开始重建有形文化遗产的形式[7]。

三维扫描技术最早应用于博物馆的雕塑，这类文化遗产物品的数字化工作始于20世纪90年代后期，最早的实验是在意大利帕多瓦的Scrovegni教堂中使用三角测量激光扫描仪对Giovanni Pisano的小型石雕"带婴儿的圣母"进行数字化。随着技术的发展，采用不同的3D捕捉技术，如主动式测距和摄影测量术，可以实现高精度数字化，但数字化过程中还存在一些挑战，如器材的固有误差、扫描材料的反应等因素可能会导致3D模型与实际文物存在差异。此外在数字化过程中存在一些材料特性问题，如大理石和青铜材质的反射问题，这些都会影响数字化的准确性。

另外，数字化也可应用于文化遗产的保护和修复。例如，通过对艺术品进行3D数字化，可以实现虚拟修复。对于断裂的雕塑碎片，如佛罗伦萨的"Arezzo的Minerva"，数字化的3D模型可以帮助艺术家指导修复工作。对于被毁的文化遗产，数字化技术也可以重建。例如，被阿富汗塔利班炸毁的两座摩天大佛，瑞士苏黎世联邦理工学院的研究团队通过历史照片的图像建模技术，成功重建了这两座被毁的佛像。

近年来，随着数字化技术的不断发展，有越来越多的项目面向文化遗产的系统数字化。例如，英国伦敦大学学院的Petrie埃及考古博物馆，于2009年开始使用3D数字化技术来实验不同的数字化方法。在3DICONS欧洲项目（2012—2015）的框架下，米兰考古博物馆成为第一个被系统数字化的博物馆。该项目旨在将欧洲文化的3D模型添加到EUROPEANA门户网站中。该博物馆的所有与欧洲历史相关的收藏品都被考虑在内，包括希腊、罗马、伊特鲁里亚、埃及后期和中世纪时期的作品，结果有427件艺术品和结构被3D建模，其中9%是建筑和大型结构的模型，14%是未贴纹理的小型博物馆艺术品，77%是有纹理的小型和中型博物馆艺术品。

为了数字化建筑和大型结构，采用了相移地面激光扫描技术，因为它可以在不需要任何目标和其他参考点的情况下，提供一个度量的3D输出。对于未贴纹理的小型博物馆艺术品，采用了三角形激光扫描技术，因为它可以在表面没有纹理的情况下正常工作。对于有纹理的小型和中型博物馆艺术品，则采用了自动摄影测量法（SFM / Image Matching）进行数字化[8]。

3.2.3建筑遗产三维数字化的现状

建筑遗产是人类历史和文化的重要组成部分，对其进行测量和记录具有重要意义。以往的建筑测量主要采用经典的测量方法，即通过测量建筑物的几个关键点来渲染建筑的2D截面、平面和立面图。这种传统方法虽然成熟，但是在数字化测量方面进展缓慢，直到20世纪90年代中期数字化测量雕塑的出现才开始逐渐应用于建筑测量领域。

数字化测量方法最初被应用于捕捉一些复杂的管道和管路组成的建筑物，例如发电厂。这些建筑物对于传统的测量方法来说很难测量，因为其表面往往是圆形的，没有明显的特征点。但很快数字化扫描方法被应用于古老的遗产建筑物的测量，这些建筑物通常由于时间的侵蚀，不再具有其原来的规则和对称形状。因此，早在2000年就出现了相关技术和方法的介绍，这些技术和方法被应用于古城堡的测量等领域。

在第一批实验之后，涉及文化遗产文档记录的组织，如"国际文物与古迹保护理事会"（ICOMOS）及其技术部门"建筑摄影国际委员会"（CIPA），提出了一些测量标准。其中一些标准强调数据整合的重要性，建议使用最适合每个部件的技术来捕捉建筑遗产的不同组成部分，并努力在估计获得的3D测量质量时保持冗余。数字化测量方法在建筑遗产保护方面的应用过程中也需要充分考虑不同建筑元素的特点，并遵循相关的测量标准。

三维数字化技术在建筑遗产保护中的应用已成为当前研究的热点之一。该技术可通过不同的传感器对建筑物进行高精度的三维数字化，进而实现对遗产建筑的保护和管理。早在2002年，就有研究人员对意大利佛罗伦萨大教堂浸礼堂下方的一座罗马别墅以及波姆波萨修道院进行了三维数字化的实验。这些实验展示了将三维数字化技术与不同类型传感器相结合的优势，如利用三角测量设备对马赛克进行高精度测量，再通过TOF激光扫描仪对建筑结构进行低分辨率的三维捕捉，并通过摄影测量得到的公共参考系进行整合。此外，通过利用激光扫描仪等传感器获取建筑物的不同分辨率数据，并进行整合处理，还可以实现对建筑物的多尺度数字化。在实际应用中，无人机和地面设备的数据也可以相互整合，如利用在无人机上安装的摄像机进行摄影测量，然后将其与地面设备采集的数据进行整合。在考古领域，无人机也被广泛用于全面记录考古区域，例如记录正在进行的挖掘工作。因此，三维数字化技术的应用为建筑遗产的保护和管理提供了可行和高效的方法[9]。

除了前面提到的基于现实的数字建模技术，三维建模技术还可以用于建筑遗产或整个城市的建模，即使它们已经不再以其原始状态存在。这一新领域被称为"虚拟考古学"，或更广泛地称为"虚拟遗产"。虚拟考古学三维模型可以通过纯粹的文献考证方法创建，使用现有的有关重建文物的考古学文献作为来源。在这种情况下，关于建筑及其构件的形状和大小的几何推断完全基于现有的书面文献，可能包含早期对该地区的调查。虽然这种方法对于说明目的很有用，但在生成重建模型时可能会涉及相当大的不确定性。通过使用现有元素的三维数字化，可以通过将文献资料与收集的现有遗迹的可信数据进行整合，提高最终重建模型的准确性[10]。例如，建筑的占地面积或仍然屹立的残留物的高度都是制作三维重建模型时非常有价值的证据。

随着三维数字化技术的不断发展和普及，它在建筑遗产保护中的应用也越来越受到重视。三维数字化技术可以利用实际测量数据或既有文献资料进行精确的三维数字化建模，为建筑遗产保护和重建提供了有力支持。通过对实际测量数据的收集和分析，可以对建筑遗产的实际情况进行精确的记录和测量，为后续的保护和重建提供了准确的基础数据[11]。例如，可以通过测量建筑遗迹的遗存装饰元素，如雕塑、柱子等，来推断其原来的大小和位置，进而确定建筑遗产的平面布局和高度等参数。三维数字化技术可以帮助重建失落的建筑遗产。当既有文献资料不够精确或缺乏时，可以利用三维数字化技术对遗迹进行重建。通过对现存遗址、遗迹的三维数字化建模，可以重现建筑遗产的历史形态和空间关系，同时可以对建筑结构进行分析和优化，提高其稳定性和安全性[12]。三维数字化技术在建筑遗产保护中的应用还需要遵循一定的原则和规范。例如，需要确保数字化重建的过程和结果具有科学性和可信度，需要遵循《伦敦宪章》和"塞维利亚原则"等国际规范，保障数字化重建的质量和可持续性。

在进行建筑遗产保护中应用三维重建技术时，除了技术问题之外，还需要注意这些重建项目是一种可视化展示，应当注意以下这5个方面的问题：

应当有助于认知大量数据：三维重建技术可以将大量文物或建筑的信息数据数字化并呈现出来，这样可以使人们更直观、更全面地了解文物或建筑的形态、结构、历史背景等相关信息[13]。

应当有利于新特性的感知：三维重建技术可以呈现出文物或建筑的未曾预料到的新特性，如隐蔽的装饰、遗漏的结构等，这有助于人们更深入地了解文物或建筑，从而更好地进行保护和研究。

应当强调数据质量问题：三维重建技术在数字化过程中需要依赖原始数据，因此数据的准确性和完整性对重建结果具有重要影响，也因此使人们更加重视数据质量问题，促进数据的质量控制和改进。

应当表现整体与局部的空间尺度关系：三维重建技术可以将文物或建筑的各个尺度的特征呈现出来，从整体上反映文物或建筑的特征，同时又可以将细节呈现得非常清晰，使人们更好地理解文物或建筑的结构和形态，探索其发展历程。

应当有利于提出研究假设：三维重建技术可以为文物或建筑的保护和研究提供新的研究思路和假设，从而推动学术研究的深入和文物保护的进一步发展。

另外，三维文物重建模型可以被用于学校教育或文化遗产机构的公共宣传，帮助学生和公众更好地理解古建筑或雕塑的原貌、构造和色彩等信息。在这种情况下，重建作品应当充分考虑保存的证据，同时添加修复的假设，最好能反映专家研究相关问题的共识。

记录文化遗产的完整性需要进行多维度的数字化过程，这不仅仅涉及对象和建筑遗产的三维数字化，还包括数字内容管理、表现和再现等多个方面。数字记录还需要处理整个生命周期中的各种问题。数字记录过程需要使用先进的算法、新的硬件和更复杂的软件实现[14]。

文化遗产的三维数字化是记录对象和建筑遗产的第一步。这个过程由多个环节组成，具体应用需求会呈现出多种变化。由于对象本身数字化需求的复杂性，涉及大量的方法和技术。每种技术的目标是成功地解决特定类型的对象或建筑遗产的问题，或者满足特定数字记录项目的特定需求（例如用于档案馆的完整记录、用于展示的数字化、用于商业开发的数字化）。

建筑遗产的三维数字化系统在遗产保护和文化传播中广泛应用，是由建筑遗产中以下三个主要因素决定的：空间尺度和形状的复杂性、形态复杂性（细节水平）以及原始材料的多样性。这些因素会影响方法的适用性和可行性。记录文物的重要性在于保护、保存和弘扬文化遗产。国际上广泛应用文物数字化技术，包括保护、数字修复、数字档案、增强或虚拟现实、3D打印复制品、考古发掘的实时文档记录和监测等。这些技术需要高保真度和准确性的3D模型，适用于工具、装饰和仪式用品、历史建筑细节、绘画、壁画、岩画、雕刻品等详细数字化和可视化的文物。新型传感器、数据获取技术、处理算法、计算系统和数字工具的不断更新，使高分辨率的记录、处理和可视化更加可行。这些进步提高了自动化程度、速度、精度，并为专家和新手提供了强大的3D数字化解决方案，如手持扫描仪和摄影测量自动化或半自动化软件等[15]。

为了精确重建文物表面特征，已经探索了各种被动和主动传感器来进行高精度和高分辨率的3D建模。其中，三角测量激光扫描、结构光扫描、基于范围成像(RGB-D)相机的建模和基于图像的摄影测量建模等技术被应用于文物的3D数字化。三角测量扫描、结构光扫描和基于结构运动(SFM)和多视角立体(MVS)算法的图像建模系统在大规模文物应用中占据主导地位，主要是由于成本更低、数据采集和处理更快、精度更高、能够捕捉高分辨率纹理等因素。许多现代工作流程结合了多种技术以优化数字3D结果。对于低特征或无特征文物等复杂案例，SFM-MVS组合的优势也很明显[16]。

3.2.4建筑遗产三维数字化的主要方法

创建虚拟世界的第一步是制作三维模型，可以采用以下不同的方法：

使用3D建模工具手动建模

使用3D建模工具（例如Autodesk的3ds Max和Maya，或者开源工具Blender）手动建模三维对象。这些工具通常支持创建动画，例如将动作捕捉数据整合到虚拟人物中。在技术领域，常用CAD系统进行非常精确的几何建模。但是，在导入VR系统之前，通常需要简化复杂的CAD模型，以减少计算负担。

使用3D建模软件手动建模是一种常见的数字化建筑遗产的方法。建筑遗产的3D建模需要具备一定的建模技巧，例如掌握多边形建模、布尔运算、曲面造型等建模技巧。这些技巧可以帮助快速准确地建立建筑的各个部分；使用3D建模软件建模时，需要提供参考资料，例如建筑图纸、平面图、照片等。这些资料可以帮助建模人员准确地模拟建筑物的细节和外观；使用3D建模软件手动建模可以创造细节非常丰富的三维模型。通过手动绘制建筑的每个部分，可以捕捉建筑物的所有细节，包括外观、纹理、细节等；使用3D建模软件可以实现高精度的建模，可以准确地测量建筑物的尺寸、位置、比例等。通过精确的建模，可以创建高度真实的数字化建筑遗产模型；使用3D建模软件手动建模可以创建可修改的模型。一旦模型被创建，可以随时进行修改，例如调整建筑物的大小、形状、纹理等，以便更好地满足需求[17]。

三维扫描

通过激光扫描仪和彩色相机等设备获得真实对象或环境的深度信息和纹理数据，以生成三维模型。还可以通过摄影测量方法，仅基于多个相机图像创建三维模型。但是，原始三维扫描可能需要进行后处理，例如填补空洞、简化几何形状和去除阴影等。常用的三维重建软件工具包括AgisoftMetashape、Autodesk ReCap、3DF Zephyr和开源工具VisualSFM。

程序化建模

使用程序化建模技术自动生成非常大或复杂的对象。例如，基于真实地理数据自动生成建筑物或整个城市的三维模型，或者生成具有分形形状（如地形或树木）的对象。人工智能程序化建模生成城市三维模型是一种新兴的数字化建模方法。它是通过机器学习算法和人工智能技术来快速生成城市三维模型，具有以下概况：

数据采集：程序化建模需要先收集大量的城市数据，例如航拍影像、卫星影像、地形数据等。这些数据需要经过处理和分析，以便为机器学习算法提供有效的数据。

机器学习算法：程序化建模的关键是机器学习算法。这些算法可以从大量的数据中学习建筑物的规律，例如建筑物的形状、位置、高度、材料等。学习完成后，算法可以自动生成城市三维模型。

自动化：程序化建模是一种高度自动化的建模方法。机器学习算法可以自动分析和处理大量的数据，从而生成城市三维模型。这种自动化的特点可以大大提高建模的速度和效率。

精度高：程序化建模可以生成高度精确的城市三维模型。机器学习算法可以从大量的数据中学习建筑物的规律，可以准确地生成建筑物的形状、位置、高度等。因此，程序化建模可以生成高度真实的城市三维模型。

高效性：程序化建模可以大大提高建模的速度和效率。传统的建模方法需要手动建立建筑物的每个部分，而程序化建模可以自动化地生成建筑物的形状和外观，因此，可以快速生成大量的城市三维模型。

例如，香港中文大学的研究人员应用NeRF（神经辐射场）的方法创建了CityNeRF系统，用于生成逼真的城市场景。NeRF是一种用于渲染3D场景的深度学习方法，它使用输入的图像和对应的相机参数来推断出场景中每个点的颜色和密度。CityNeRF将NeRF应用于城市场景，它使用高分辨率的卫星图像来训练神经网络，然后使用该网络生成逼真的城市场景。与传统方法相比，CityNeRF可以在更短的时间内生成更高质量的效果，并且可以生成具有不同天气条件和时间的城市场景[18]。

另外，生成对抗网络（GAN）是一种深度学习模型，其基本原理是通过两个神经网络（生成器和判别器）互相对抗来生成具有高度逼真度的图像或数据。在城市街景的生成中，GAN可以生成逼真的街景图像，包括建筑、街道、人行道、车辆等元素。

在生成城市街景时，需要使用大量的训练数据，包括真实的城市街景图像和与之相对应的标注信息。这些数据可以用来训练生成器和判别器网络，让它们能够学习如何生成逼真的城市街景图像。有一些Blender的插件可以直接集成GAN模型，以便用户能够更加方便地生成逼真的三维模型。

通过以上方法创建或获取的3D对象通常需要进行后处理，以便将其包含在虚拟世界中。这通常涉及简化对象的几何形状和调整视觉细节。此外，对象必须转换为适合相应VR/AR系统的文件格式。

简化对象几何形状的目的是使3D对象的渲染更加高效，主要目标是减少3D对象的多边形数量。这可以通过专门的多边形网格简化程序自动完成（通常还需要一些手动后处理）。另一种选择是建模一个额外的低分辨率版本的3D对象，用原始高分辨率3D对象的渲染纹理进行纹理贴图（纹理烘焙）。此外，提供多个不同分辨率的3D对象变体也很有用，可以在运行时根据观察者距离或视场覆盖范围进行切换。

3D对象还必须转换为虚拟世界运行环境支持的文件格式。这可以使用特殊的转换程序或3D建模工具的导出选项来完成。对于商业游戏引擎，Autodesk的专有FBX格式是主要相关的。流行的文件格式还包括一些较旧但仍得到广泛支持的格式，如Wavefront（.obj）和Autodesk 3DS（.3ds）。开放标准包括COLLADA（.dae）、glTF（.gltf）和X3D（.x3d）。

3.3 金莲桥三维数字化案例

3.3.1针对金莲桥数字化的技术选型

数字化文化遗产需要保证文物不受损害且无威胁，与普通物体的三维采集有所不同。采集文物需要考虑尺寸、形状和材料的多样性，以及数据形态学上的复杂性。目前，常用的技术包括激光扫描和摄影测量，有时也会将两者结合，使用异源模型匹配获得高精度的纹理模型。这些技术可以完整记录文物的多维信息。从采集精度来看，激光扫描生成的模型精度通常比摄影测量高，尤其是在采集复杂几何形状物体时的差别更为明显。虽然激光扫描具有高度自动化的特点，但采集时间长，且设备成本昂贵，不易携带。相比之下，摄影测量方案成本更低，操作简单便捷，适用环境更广泛，可以搭配不同设备完成不同对象的采集工作。然而，为了提高精度，摄影测量需要增加照片拍摄数量和数据处理成本，影响效率。因此，在实际应用中，可以根据文物形状特点和精度需求，综合考虑采用不同的技术手段，以达到最优的采集效果。

在数据生成和体量方面，激光扫描技术生成的数据是云点数据，质量参数越高，数据越大，处理速度越慢，需要高性能计算机和大容量存储设备。相比之下，摄影测量技术采集的是照片图像数据，通过特定软件生成点云数据，数据量小且可编辑性更高，但需要额外的计算和处理时间，照片数量越多，处理时间越长。此外，摄影测量技术采集的模型带有高精度的纹理信息，而激光扫描技术的纹理信息精度较低，即使内置或外置数码相机也受到距离和尺寸的限制。

总的来说，摄影测量技术在消费级成本范围内能够快速、全方位地采集对象的三维数据和颜色信息，具有更高的适用性，特别是在面向大众的文化遗产数字化传播应用中。此外，摄影测量技术相对于其他数字化测量仪器成本更低，操作简单便捷，环境适用性更强，结合其他设备可完成不同对象的采集工作。

3.3.2 金莲桥数字化的摄影测量前期准备

三维重建是摄影测量技术的核心，其基本流程包括照片拍摄、图像处理、生成稀疏点云、生成密集点云以及生成模型和贴图。在采集对象时，要避免表面没有纹理、有光泽、高反射或透明等特征点不清晰的物体。高质量的图像采集是文化遗产数字化构建的基础，而图片的像素点是三维重建的依据，因此重建的效果取决于采集时照片图像的质量。专业单反相机是最优选择，其次是普通相机或手机，图片格式应为源文件处理程度最小的raw格式进行存档。在使用条件允许的情况下，应平衡相机设置之间的参数，以保证最佳曝光。最佳光圈通常在f/8和f/11之间，同时应使用最快的快门速度和最低的ISO设置来减少图像噪声和模糊的机会。

在进行摄影测量三维构建时，需要经过照片拍摄、图像处理、生成稀疏点云、生成密集点云、生成模型和贴图这五个步骤。为了保证生成高质量的模型和贴图，采集图像时需要注意一些关键点。

首先，采集的图像应该尽量保持一致，避免因环境变化等原因造成的不一致性。在选择采集环境时，应考虑光线充足且均匀的环境，并在较短的时间内完成采集工作。其次，为了保证图像清晰与一致，应提前设置相机参数与镜头焦距，并保持设置直到采集工作完成。应该避免使用图像增强功能，以避免导致图像信息和像素的丢失。

在数据处理过程中，应保证每一步数据完整地输入与输出。在生成稀疏点云之前，应将图像由raw格式转换为稳定且未压缩的TIFF格式，避免使用JPEG格式进行压缩。生成密集点云前，可以对稀疏点云进行过滤，以去除具有高重投影误差或重建不确定性的点。通常情况下，重投影误差的均方根误差(RMSE)应小于1像素，以保证重建精度。

摄影测量技术在文化遗产数字化传播方面有着独特的优势，它具有较低的成本和更高的可控性，适用于各种预算的个人或机构。通过采集图像生成w模型，其采集设备的成本与模型质量之间可以做出合理的平衡。除了在追求模型精度的应用中具有优势外，它还可应用于快速记录、教育传播、旅游推广等非模型精度为重点的场景。使用摄像手机即可完成记录采集工作，无须多人配合和调试，技术难度较低，学习成本也不高。在需要大量三维数字化构建和传播文化遗产的情况下，摄影测量技术更加高效和合理。

摄影测量技术的便捷性和灵活性使其能够与其他辅助设备（如三脚架、转盘、摇杆、无人机等）结合使用，以应对不同类型、尺寸和环境的文化遗产。针对小型可移动文物，可采用悬挂拍摄、拼合拍摄、转盘拍摄等方式构建模型。然而，对于极小型文物，景深的问题可能导致部分图像模糊，这可以通过多聚焦图像叠加的方式有效解决。除此之外，摄影测量技术还可以搭载无人机对大型户外遗址和街道进行三维数字化构建。此外，它还可以作为激光扫描技术的辅助工具，用于采集和烘焙纹理。

在文化遗产数字化传播中，摄影测量技术所提供的带有颜色信息的三维数据是不可或缺的。颜色信息对于文化遗产数字化传播来说至关重要，因为大众通常通过视觉来获取信息，而物体的色彩是最主要的信息之一。展示清晰、细腻的颜色内容能更容易地吸引人们的注意，同时传递更多的信息。因此，在数字化文物展品中，采集清晰细腻的颜色信息对于吸引观众的注意力和传递更多的信息内容非常重要。

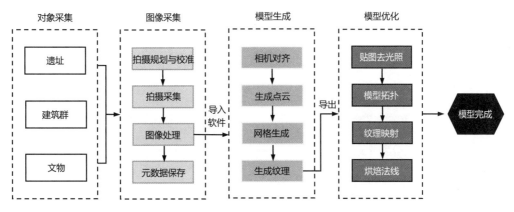

图3-1　金莲桥摄影测量流程

3.3.3金莲桥数字化的摄影测量过程

在本研究案例中，近景摄影测量选用了游客流量较小的中午12时时间段进行采集，当时天气为多云且光照充足，以确保照片的质量。为采集所需数据，使用了Canon EOS 80Dd（SONY ILCE-7M2）数码单反相机，并设置光圈值为f/4.5，快门速度为1/125s，ISO值为800，焦距长度为24毫米，分辨率为3984×2656像素。另外，在特定情况下，也使用了光圈值为f/4.5，快门速度为1/1000s，ISO值为1600，焦距长度为48毫米，分辨率为6000×4000像素的相机。总共采集了562张照片，其中围绕金莲池拍摄了346张照片，以金莲桥为中心，桥面拍摄了216张照片，对于金莲桥旁的御碑亭拍摄了421张照片。

照片预处理

在完成采集后，需要对拍摄照片进行检查，删除不必要和模糊的图像，以提高数据处理的效率和数据生成的准确性。接着将照片从raw格式转换为TIFF文件格式，这样可以保证图像质量不被压缩，避免产生噪点。在这个过程中，需要使用无损转换的方式，如在Photoshop中进行转换。

照片对齐

在导入处理过的照片图像到AgisoftMetashape 1.5之后，进行照片对齐操作，精度设置为"高"，并勾选通用预选。通过扫描每张照片并匹配检测到的特征，计算出相机在相对三维空间上的位置，并生成稀疏点云。精度值取决于照片数量和质量，高精度可获得更准确的相机位置估计和稀疏点云，但计算时间更长。在稀疏点云生成后，使用点云编辑工具删除周围环境的点云，只保留需要的桥梁主体部分，以减少计算量和处理模型的复杂度。这一步生成的稀疏点云能够概括金莲桥的整体几何形态和与周边环境的位置关系，并通过相机位置的显示来检查重叠和覆盖情况。

密集云点生成

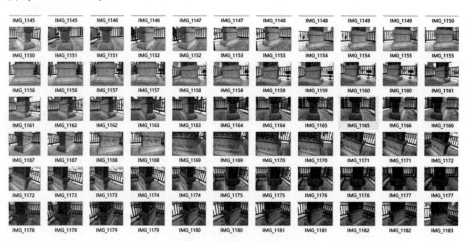

图3-2　金莲桥照片预处理

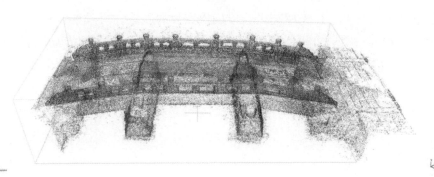

图3-3　金莲桥稀疏点云

图3-4 御碑亭稀疏点云

使用AgisoftMetashape 1.5生成密集点云，将质量设置为"超高"，其他选项默认。生成密集点云的过程基于深度信息进行密集立体匹配计算，将每个摄像机生成的组合深度图转换为部分密集点云，最后合并为最终的密集点云。质量设置可以控制生成的密集点云的准确性和细节程度，此处将质量设置为"超高"，即在处理原始图像后，将图像大小缩至25%（每边50%）来生成密集点云。

三维网格及纹理生成

使用生成的密集点云作为三维网格生成的源数据，在生成三维网格时，设置面数为"高"，其他选项默认。这一步可以生成高质量的三维网格，其中网格顶点带有密集点云的颜色信息。由于顶点数量的限制，网格纹理颜色信息可能会失真和模糊，无法完整直观地表现金莲桥表面的细节。为了解决这个问题，需要生成模型贴图，将贴图大小设置为"8192"分辨率，并将其应用到网格表面，以表现金莲桥完整的颜色属性。

图3-5 金莲桥三维网格及纹理生成

图3-6　御碑亭三维网格及纹理生成

文件导出

完成金莲桥三维模型生成后，需要保存工程文件，以备后续需要修改或重新处理。同时，也需要将金莲桥的密集点云数据进行存档，以备后续需要使用。可以使用三维通用的obj格式导出所获得的模型以及贴图，以便进行其他用途，如展示、分析等。

3.3.4金莲桥三维数字化模型的优化

生成的金莲桥三维模型文件十分庞大，约为18G，而网格总面数则高达2000万，因此该模型主要用于研究和数字修复等活动，对于公众而言较难访问。在权衡文物细节和文件大小的情况下，最理想的状态是以最小的文件大小展现出文物最完整详细的内容。为此，可以采用减面或拓扑的方式优化模型，将面数减少到一个可以接受的范围，并分成不同细节程度的LOD。虽然减面和拓扑的目的都是压缩高模并获得简化的低模，但其过程和结果略有不同。在本研究案例中，减面和拓扑均在软件Zbrush中完成。减面方法通过使用Decimation Master插件工具，设置冻结边界和减面百分比生成低模，自动化程度高且耗时短，但模型网格杂乱不利于后续的二次修改与调整，且优化程度较低。拓扑一般分为自动拓扑和手动拓扑，可以在不完全改变模型几何形状下，将模型网格重新有规律地分布，从而达到减少模型面数的目的。虽然自动拓扑生成后网格规整，但模型边界难以控制，生成的低模与高模偏差较大。手动拓扑则可以将重点展现的部分用密集网格分布，次要部分用稀疏网格，从而在控制模型面数的同时最大化展现出模型细节。虽然自动化程度低，但能有效地利用模型网格从而达到优化的目的，但耗时较长。

低多边形模型虽然可以减少面数，但是会降低模型的细节程度。为了解决这个问题，可以使用法线贴图，通过记录高多边形模型表面的倾斜变化，赋给低多边形模型，从而在低面数的网格状态下也能呈现高面数网格的细节。在制作金莲桥模型时，需要使用漫反射贴图，但是不能带有光照信息和材质反射率信息，以免在虚拟场景中与灯光产生冲突造成二次光照。纹理贴图需要在避免直接光照的阴天采集，以减少光照对纹理颜色采集上的影响。然而，采集的纹理贴图仍然不能达到理想的标准，因此需要使用UDT和ADL算法去光照。UDT算法主要是采集环境光照的LUT（Lookup Table），通过多次采样和采集来让整体颜色和亮度更接近平均值。在使用UDT之前，需要使用其他软件生成世界法线、环境光遮蔽和可见性法线贴图，并将其导入UDT插件工具中来生成去光照贴图。ADL算法则无须额外的数据贴图，通过优化JPEG压缩纹理来获得去光照贴图。

3.3.5 金莲桥旁古银杏树的三维数字化构建

惠山古镇的一棵古银杏树被誉为"银杏王"，树龄约为675岁。它是这个地区的自然环境和人文风貌变迁的见证，也是一件极具历史文化、科学研究和社会经济价值的古树名木。在这棵古银杏树旁边有一块介绍它的铭牌，相传它是在明朝洪武年间栽种，树高21米，胸径1.91米，平均冠幅为23米。惠山古镇景区拥有17棵百年树龄以上的古银杏，分布在惠山寺、云起楼、二泉书院、大老爷殿、入口公园等地，每年的银杏季吸引了大量游客前来观赏。

建筑遗产保护的完整性原则指的是保护文化遗产时要尽可能保持其原有的完整性和真实性，同时也要尊重其历史和文化价值。惠山寺是中国著名的古建筑和文化遗产，其周围环境包括古建筑、园林和道路等元素，这些元素应当协调一致，构成一个完整的整体。其中，古银杏树是惠山寺周边环境的重要组成部分，对其高保真建模有重要的意义。古树名木是自然的文物，具有悠久的历史和文化价值，它们见证了城市和建筑的发展过程，是城市文脉和历史记忆的重要组成部分。通过高保真建模可以更加准确地还原古银杏树的外貌和形态，使数字化模型更加真实、完整。

Speedtree是一款屡获殊荣的3D植被建模软件，支持多种树木的快速创建与渲染，软件自带较为齐全的树木素材库，包含属性栏、灯光、力场、风场、材质编辑器、节点编辑器等功能模块，采用程序生成和手动编辑相结合，生成自带纹理和动画的树木3D模型，进而应用于AAA级游戏及电影中，例如：《孤岛惊魂5》《刺客信条：奥德赛》《全境封锁2》等。

在Speedtree中构建一棵树的3D模型时，首先，需要完成对将要搭建的树木结构进行的分析，包括树木躯干和分枝的大致走向，确定树木的分枝数量，以及树叶的叶序模式（互生、对生、轮生、簇生、叶镶嵌）。其次，确定完成以上信息的采集后，在Speedtree的节点编辑器中依次创建躯干部分（Trunks）、分枝部分（Branches）、叶片部分（Leaves）与装饰部分（Decorations）。再次，模型创建完成后，在Speedtree的材质编辑器中创建相应材质，并赋予对应材质到相应的模型上，对比视口效果进行适当的材质调整。最后，可以对树木模型进行力场、风场、季节等设置，以丰富模型细节，使其更加贴近自然。

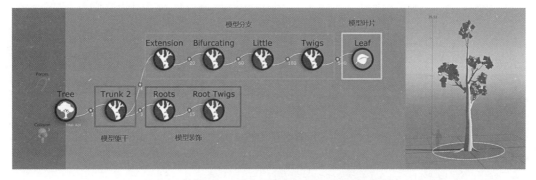

图3-7 以Speedtree节点编辑器部分节点示意模型构成

这里以构建惠山古镇古银杏树的3D模型为例，从树木的结构分析、模型躯干、模型分枝、模型叶片、模型装饰以及模型材质贴图几个方面对Speedtree构建树木模型的步骤进行更加详细的描述。

1. 树木的结构分析

根据惠山古镇园景产业中心副总监朱奕锋发布关于惠山寺古银杏消息得知：古银杏距今约有600多年的历史，树高21米，平均冠幅为23米，树形优美，每到秋季，银杏叶片逐渐镀上金色，便会成为惠山古镇最著名的景点之一。通过现场勘察，惠山寺古银杏躯干有较大的倾斜，拥有8条主要分枝，其中一条分枝较为粗壮堪比主干，银杏叶叶序为簇生，树干有若干树节，遍布青苔，树皮呈现灰褐色，深纵裂纹且粗糙，沉淀着历史岁月的痕迹。

图3-8 左为古银杏实拍；中为躯干大致走向；右为主要分枝分布

2. 模型躯干

在Speedtree节点编辑器中，系统对树干部分规划了六种细分节点，包括古树（Old）、分叉树干（Split）、高树木（Tall）、手绘树木（Hand-drawn）、散布（Several）、管状（Tube）。

根据惠山古银杏的外观特征，首先选择"Old"作为模型的"Trunks"部分。其次在"Freehand"的"Bend"模式下调节模型树干的大致倾斜角度，并在节点段面属性（Segments）一栏中调节模型面数以备后续使用。最后添加树干模型的细节部分，选择"Freehand"的"Displacement"模式配合"Feature"模式绘制树干的深纵裂纹以及银杏树洞部分。

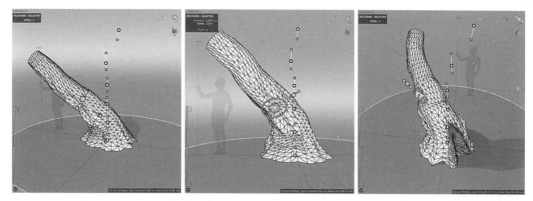

图3-9　左"Bend"模式调节角度，中"Displacement"模式绘制深纵裂，右配合"Feature"模式绘制树洞

3. 模型分枝

树木的分枝形态较为多样、复杂，因此在Speedtree分枝节点部分，不仅提供了包括标准分枝（Bifurcating）、大分枝（Big）、小分枝（Little）、单个分枝（Single）、小树枝（Twigs）、管状树枝（Tubes）与延伸树枝（Extension）的细分节点，而且在分枝的分布模式上Speedtree也做了相应划分，即经典模式（Classic）、比例模式（Proportional）、绝对模式（Absolute）、叶序模式（Phyllotaxy）、间隔模式（Interval）、分叉模式（Bifurcation）、散布与父子级模式（Flood、Parent）。在此基础上，结合Speedtree的"Node"与"Freehand"编辑模式，以适应编辑规模较大的树枝形态。

首先，惠山古镇古银杏的模型分枝采用Speedtree"延伸树枝"节点，同时选择绝对模式调节分枝数量，在"Freehand"的编辑模式下，调节生长于躯干上的树枝形态。其次，以相同方法编辑古银杏具有辨识度的其他主要分枝。最后，按照需求依次选择大小分枝，切换为间隔模式或者分叉模式丰富模型形态，为叶片附着奠定基础。

图3-10　分枝部分的创建过程

模型构建完成后，需要为模型赋予材质，材质贴图素材主要源于Quixel Bridge网站，枝干部分的材质分为两部分，模型躯干与主要分枝采用表面较为粗糙的纹理类型，分枝末端较为细小的部分选用纹理较为细腻且颜色较为鲜亮的纹理类型。

图3-11　左整体贴图效果预览，中分枝末端材质细节，右材质球预览

4. 模型叶片

关于Speedtree的叶序模式大致分为互生模式（Alternating）、对生模式（Opposite）、轮生模式（Whorled）、散布模式（Scattered）和卡片模式（card）。惠山古镇古银杏模型叶片采用的是Speedtree的节点编辑器中"批量树叶"节点（Batched leaf），模式选用"叶序模式"，因为Speedtree叶序模式中没有"簇生"选项，这里采用"轮生"来模拟"簇生"的效果。

惠山古镇古银杏模型叶片材质采用Speedtree自带的双面材质效果，需要在"Materials"功能模块创建两个相同的叶片材质球，并在其中一个材质的"back"下的材质选项中选择另外一个。除此之外，需要在"Meshes"下的"Edit Mesh…"模式中进行设置叶片形状并调整叶片与树枝接触点，使叶片"附着"在树枝模型上。

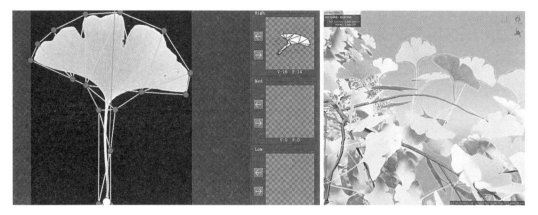

图3-12　Edit Mesh模式，右叶片与树枝的接触状态

5. 模型装饰

在完成上述步骤之后，惠山古镇古银杏模型初具雏形，图3-13是已经完成的模型效果图。目前来看，模型过于单调，缺乏百年老树的古韵气息，因此，需要对惠山古镇古银杏模型进行装饰，以提升观者的视觉体验。

图3-13　初步模型效果图

Speedtree在模型装饰方面的节点主要包含：树洞（Cavity）、裂口（Gash）、树节（Knot）、肿块（Lump）、剥树皮（Peeling bark）、树根（Roots）、壳（Shell）。除此之外，模型躯干部分中的散布（Several）节点也常被用来模拟树木周围的植被。

首先，惠山古镇古银杏树干起伏不平，仅依靠"Old"节点很难达到相似效果，因此采用"Lump"节点以丰富树干形态。其次，古银杏有小部分的根系暴露在外，需要在模型编辑中添加树根的部分。再次，古银杏历经百年风霜，与周边环境早已融为一体，古树受环境的影响较大，需要模拟树皮上覆盖着的细密的青苔，以及树木周围生长的杂草、藤蔓等植被。最后，可以通过添加风力、重力以及季节因素使模型更加逼真自然。

1. 丰富树干形态

在Speedtree "Decorations"中选择 "Lump"节点，选择"绝对模式"调整肿块数量，结合Speedtree的 "Node"与 "Freehand"编辑模式，调节肿块位置以及肿块大小。图3-14为模型肿块分布示意图，通过对模型的编辑，丰富树干表面的起伏，使其更加贴合古银杏的真实形态。

图3-14　模型肿块分布示意

2. 根系部分

在Speedtree "Decorations"中选择 "Roots"节点，调整根系位置与数量。为了更好地配合根系的形态展示、丰富模型的复杂程度，这里导入了一块地面模型，以作为模型的基地部分，将根系走向与地面起伏相呼应，使根系更有依托感。

图3-15　根系分布示意图

3.青苔、藤蔓与杂草

无锡四季常青，气候较为湿润，因此位于惠山古镇的古银杏上青苔分布面积较广。青苔主要分布在位置较低矮的古树树干部分的表面，包括躯干、部分分枝与部分根系，这里采用Speedtree "Decorations" 中的 "Shell" 节点。在材质方面，制作了两种类别的苔藓材质，一种是大面积分布的苔藓，分布在躯干底部与根系贴近地面的位置；另一种为聚落状的苔藓，分布在相对较高的位置。

图3-16　模型肿块分布示意

藤蔓部分的制作相对复杂。首先，需要创建藤蔓模型，选择 "Trunks" 中的 "Tube" 节点，调节藤蔓数量、长度及大小。其次，选中古银杏模型的躯干和主要分枝，在工具栏中选择 "Create geometry force from selected generators" 创建碰撞体。再次，重新回到藤蔓模型的 "Gen" 属性栏，增加 "Shared" 下 "Pass" 的参数。最后，勾选藤蔓模型 "Forces" 下的 "generators" 属性并进行参数调节，直到达到满意效果为止。

图3-17　藤蔓效果图

杂草部分应用到了"Trunks"中的"Several"节点，调整分布区域与分布数量，使叶片落点错落有致，较为贴近杂草生长的自然随性的状态。由于单个叶片过于单薄，这里以三个相互交叉的叶片为一组，模拟杂草立体的效果。图片3-18为草叶的效果示意。

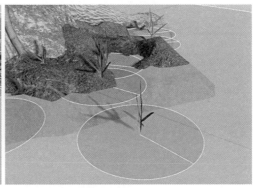

图3-18　左杂草分布示意，右叶片立体效果

4. 力场

在Speedtree中，常规的力场效果有方向力（Direction）、磁铁（Magnet）、旋转力（Gnarl）、扭曲（Twist）、卷曲（Curl）、平面力（Planar）、返回（Return）、季节灯（Season light）、季节风（Season wind）、剔除力（Knockout）、网格力（Geometry）。惠山古镇古银杏模型主要用到了方向力与季节灯两个力场。

自然界万物都受到重力的影响，添加向下的方向力，使模型处在一种自然力场的作用下，方向力作用于分枝末梢与叶片部分，以达到一种微微下垂的状态。秋季是银杏最美丽的季节，树上树下皆是一片金色，季节风可以模拟银杏落叶之景。

完成上述步骤，惠山古镇古银杏模型的最终效果如下图所示。

图3-19　惠山古镇古银杏模型效果展示

3.4 都柏林建筑遗产三维空间信息构建案例

都柏林圣三一学院M.Murphy教授等人于2019年完成了基于摄影测量的建筑文化遗产HBIM系统，并提出了基于Unity交互引擎的三维可视化系统框架构建方案[19]。

该课题应用了机载激光雷达扫描系统（ALS）和摄影测量技术对都柏林的建筑遗产进行了全面的三维测绘。在爱尔兰科学基金会和欧洲研究理事会的资助下，都柏林大学工程学院对都柏林市的大部分中世纪以来的建筑文化遗产进行了航空遥感测绘。航空遥感测绘的区域为2平方千米，平均飞行高度为300米。测绘的图像数据包括正交二维影像和倾斜摄影影像，机载激光扫描系统（ALS）获取的数据包括14多亿个点云。

针对建筑遗产保护的三维模型除了可以使用三维的CAD或者BIM系统生成的模型，也可以由点云生成的多边形网格创建建筑的整体或部分模型。由激光雷达扫描系统和摄影测量获取的点云所生成的多边形模型记录了建筑物表面更多的几何特征。在这一类的多边形模型中网格被定义为由三角形或四边形面组成的集合，这些三角形或四边形面通过边连接在一起构成了对象表面的几何特征。点云是由图像识别算法生成的一系列点的坐标信息，这些点连接成三角形网络构成了模型的几何形表面。基于点云的建模系统通常具有模型优化功能，对点云数据进行优化，填充模型表面的孔洞和修正边缘以此来优化多边形表面的结构。另外系统还能够通过抽取算法（decimation）来降低点云的密度，达到优化多边形数量的目的。

在该项目中点云数据是根据建筑的不同区域和结构进行人工分割并转换成多边形网格三维模型，然后导入HBIM系统和Unity引擎。在此过程中优化了点云的数量以减少多边形模型对于系统内存的占用。

历史信息属性的应用

都柏林三维可视化系统中充分考虑了考古和历史信息的呈现，以丰富该项目的信息架构。该系统侧重于都柏林历史核心区域的考古和建筑遗产信息的数字资产管理和展示。在这过程中包括了维护、存储、诠释和呈现有关考古材料和文物的信息，突出爱尔兰丰富的历史文化价值。在这个可视化系统中信息架构的数字资产丰富了不同来源的文化语义属性，这些历史文化信息根据其各自不同的空间属性关联到h系统的三维模型上，并且允许用户通过不同的终端在三维场景中进行浏览和访问。

都柏林三维可视化系统具有以下三个方面的特征

1.该系统的内容和信息架构兼顾了考古学、历史学以及建筑遗产保护等专业的综合需求，具有跨专业的数据信息，能够给不同研究方向的专家提供决策和探索的帮助。

2.该系统将不同专业领域的数字化信息作为建筑空间构造的语义属性附加到建筑遗产构建的数字化三维模型中，为跨学科跨专业的信息架构增加了基于建筑构造的空间属性。

3.使用成熟的BIM开发平台和united交互引擎构建具有智能化交互功能的三维可视化系统，实现了建筑遗产信息的动态化交互式呈现，由此构建起一个面向多学科的智能化信息交互系统。

都柏林三维可视化系统的大量信息源于考古学的研究实践，考古学的研究成果以数字化的形态与现存的文物、建筑遗产和环境相关联，形成了从回顾过去到探索未来的完整的时间线索。在系统的功能策划和交互体验设计过程中也充分进行了针对不同领域专家的访谈和问卷调查，以收集他们对专业信息的理解和需求。来自不同领域的专家对该系统的数据来源进行严谨的筛选，使得用户能够在该系统中获得对爱尔兰民族文化的多维度理解。

三维可视化系统的数据管理包括对各种类型建筑遗产信息和研究对象价值属性的维护、存储、诠释和修改添加。都柏林三维可视化系统的开发过程中建立了严格的信息内容审核机制以确保建筑遗产的信息和来源是真实的并无可争议的。

该项目所建立起的严谨的数据管理体系可以确保项目的数据价值得到持久的保存，并且减少数据的遗失和损坏。该系统开放的数据库不仅确保所存储的数据经过严格的审核和妥善的管理，而且还能和其他的研究项目共享这些数据以避免在研究过程中的重复工作。都柏林项目的数据构建工作从建筑遗产的三维扫描开始，经历了数据的优化、分类和组织，然后整合了考古历史等其他相关专业的历史信息语义属性，在该项目的数据库中保存了海量的丰富信息。通过在项目过程中不断的策划和评估过程，整个工作流程不断地得到更新和改进，保证了建筑遗产历史信息的可靠性和完整性。

基于游戏引擎开发建筑遗产三维可视化系统能够实现跨平台的开发需求，能够让用户在浏览数字化三维模型和数据链接的过程中得到更好的用户体验。开发文档最终被打包成可执行文件，能够独立运行，不需要在用户的计算机终端上安装额外的专用软件。目前主流的开发引擎是Unity3D和虚幻引擎，这些引擎都具有非常成熟的开发流程和广泛的技术支持。

在都柏林三维可视化系统项目中，工作流程的最后阶段适应用Unity引擎开发出具有History Historical been功能的交互系统，并且该系统与在线的建筑文化遗产信息数据库相链接，这使得终端用户能够与三维虚拟建筑进行交互，并且访问与模型相关的丰富的数据库。系统提供了用户查询功能，用户能够通过检索得到建筑元素的空间位置信息、造型结构和历史文化相关的信息属性。

1.汪浩文.基于数字虚拟技术的江苏古建筑保护研究［M］.南京：东南大学出版社,2020:153.

2.王蔚,彭凡,李璟,陈少斌.空地一体化历史建筑三维重建与再利用研究:以长沙潮宗街金九故居为例［J］.城市建筑,2022,19(13):135-142.DOI:10.19892/j.cnki.csjz.2022:13,29.

3.谷岩,曾鹏.古建筑破损构件的数字化修复应用策略分析［J］.艺术与设计（理论）,2022,2(11):99-100.DOI:10.16824/j.cnki.issn10082832.2022.11.008.

4. 孙权,何颖,刘大平.历史建筑数字化修复监测技术研究［J］.建筑学报,2022(S1):136-142.

5. Al Muqdadi F.,Ahmed A. APPLYING HERITAGE BUILDING INFORMATION MODELLING (HBIM) TO LOST HERITAGE IN CONFLICT ZONES: AL-HADBA'MINARET IN MOSUL, IRAQ ［J］. The International Archives of the Photogrammetry, Remote Sensing and Spatial Information Sciences,2022,XLIII-B2-2022.

6. Priego Enrique,Herráez José,Denia José Luis,Navarro Pablo. Technical study for restoration of mural paintings through the transfer of a photographic image to the vault of a church［J］. Journal of Cultural Heritage,2022,58.

7. 黄晓群.三维激光扫描技术在建筑立面测绘中的应用研究［J］.工程与建设,2022,36(05):1260-1262+1297.

8. 魏明强,陈红华,孙杨杏,汪俊,郭延文,燕雪峰.破损文物数字化修复:以中国出土青铜器为例［J］.计算机辅助设计与图形学学报,2021,33(05):789-797.

9. 潘志庚,袁庆曙,陈胜男,张明敏.文化遗产数字化展示与互动技术研究与进展［J］.浙江大学学报（理学版）,2020,47(03):261-273.

10. 孙恒,张荣臻.三维数字化技术与建筑复原［J］住宅与房地产,2021(21):46-47.

11. de Vasconcellos Motta Fernanda Miranda,Rodrigues da Silva Ronaldo Andre. THE ADOPTION OF DIGITAL TECHNOLOGIES IN THE RECONSTRUCTION OF HERITAGE: experience report of the National Museum, Brazil［J］. INFORMACAO & SOCIEDADE-ESTUDOS,2020,30(2).

12. 张晓敏,朱煜捷,刘龙奎,张得煊,王通,申玉忠.基于 Geomagic Studio 的石窟寺三维数字化重建［J］.城市建筑,2022,19(12):171-174.DOI:10.19892/j.cnki.csjz.2022.12.43.

13. Zsolt Buna,Radu Comes,Ionut Badiu. PARAMETERISED DATABASE CREATION FOR CONSTRUCTION ELEMENTS OF MONUMENTS［J］. Journal of Ancient History and Archaeology,2014,1(3).

14. 王茹,孙卫新,张祥.基于 BIM 的明清古建筑建模系统实现方法［J］.东华大学学报（自然科学版）,2013,39(04):421-426.

15. 李清泉,巢臻,李文彬,刘佳.文化遗产数字化保护探索[J].东南文化,2019(S1):9-12.

16. 张磊.文化遗产的数字化保护关键技术［J］.中华建设,2016,139(12):120-121.

17. 隋惠权,刘玉彬,孙建刚,蒋根.民族建筑数字化技术研究［J］.大连民族学院学报,2009,11(05):447-449.

18. Xiangli Y, Xu L, Pan X, et al. Bungeenerf: Progressive neural radiance field for extreme multi-scale scene rendering［C］//Computer Vision–ECCV 2022: 17th European Conference, Tel Aviv, Israel, October 23–27, 2022, Proceedings, Part XXXII. Cham: Springer Nature Switzerland, 2022: 106-122.

19. Murphy M, Pavía S, Cahill J, et al. An initial design framework for virtual historic Dublin［J］. The International Archives of the Photogrammetry, Remote Sensing and Spatial Information Sciences, 2019, 42: 901-907.

第 4 章
沉浸式的建筑遗产空间可视化

4.1 虚拟现实的概念与特征

4.1.1虚拟现实与人类对世界的感知

人类通过视觉、听觉、嗅觉、触觉等感官获取周围世界的影像信息、声音信息以及其他物理、化学现象所反馈的刺激信息，这些信息最终传输到大脑的中枢神经系统，经过人脑的综合处理，形成了我们对于外部世界的认知和体验。当人们模拟外部世界的影像、声音等信息反馈的特征，并以此作为人的视觉、听觉等感官的获取内容，在人类大脑中枢神经系统将合成一种与外部世界的特征相类似的认知和体验。这种通过模拟外部世界的信息在人脑中形成的对于空间及环境的认知与反馈体验就是虚拟现实的本质属性。

影片《黑客帝国》中的母体（The Matrix）向我们展示了一种虚拟现实的终极形态，母体（The Matrix）通过电信号刺激人类大脑神经，使人产生各种感官体验由此而形成丰富的精神活动。而影片头号玩家所展示的是通过虚拟现实头盔进入一个沉浸式的虚拟世界中，人们在这个虚拟世界中体验到一种与现实世界隔离的时空环境。这些在科幻电影中所创造的虚拟现实形态是一种非常理想化的虚拟现实体验，这种体验在技术上距离我们还较为遥远。如果要实现这种理想化的虚拟现实体验，人类必须在虚拟世界中让自身获得视觉、听觉、嗅觉、味觉、触觉、温度的感觉和疼痛的感觉以及由前庭系统所获得的平衡知觉等复杂的感知体验。

4.1.2虚拟现实的概念

美国VPL(Virtual Programming Language)公司的创始人Jaron Lanier于20世纪80年代提出了虚拟现实（Virtual Reality，简称VR）这个概念。VPL公司基于VR这一概念开发了早期的数据手套和动作捕捉设备，用于捕捉人的手部动作和肢体动作从而实现人与数字化三维空间的自然交互行为。虚拟现实是计算机生成的，给人多种感官刺激的虚拟空间环境，用户能够以自然的方式与虚拟空间中的对象进行交互，并产生置身于相应的真实环境中的身临其境的沉浸感[1]。

在科幻作品中虚拟现实被描述为一种对于人类感官的综合模拟，人类无法辨别出虚拟世界和真实世界的区别。随着黑客帝国等影视作品的广泛传播，虚拟现实的这种数字媒体形态已经被公众所广泛认知。与此同时，虚拟现实和增强现实的案例在现实生活中也越来越普遍。从早期的军事飞行模拟器，到便捷的智能手机应用程序，每个人都对虚拟现实这种数字、媒体形态有了自己的印象。而在实际的各种应用领域中，虚拟现实则是众多工业领域产品开发的工具，以及科学研究中对于研究对象复杂数据的可视化研究工具。在文化遗产保护领域，虚拟现实则更多的是作为对于已经消失的人类文化遗迹的可视化研究工具。

4.1.3 虚拟现实的特征

虚拟现实是一个相对年轻的科学领域，其发展受到数字科技中软件与硬件技术发展的推动，因此学术界并没有对虚拟现实形成一个统一的定义。然而对于虚拟现实的基本特征，人们已经形成了广泛的共识[2]。

1994年，Grigore C. Burdea和Philippe Coiffet在其合著的《虚拟现实技术》一书中提出的3I特性：沉浸感(Immersion）、交互性(Interaction)和构想性（Imagination）。这三个词的英文首字母皆为I，故被称为"3I特性"[3]。

沉浸感，是指VR系统应能使人产生一种身临其境的感觉。即虚拟环境能够给人多种感官信号，包括视觉（立体、逼真的图像）、听觉（立体声音）、力觉、触觉、运动感知，甚至味觉、嗅觉等多种感官体验。

交互性，指用户能以较大自然的方式与虚拟环境进行交互。比如当触碰场景中的用户转动头部时，其所看到的景象也应随之变化；当用户触碰物体时，物体会做出近似真实的物理反应等。

构想性，则是指虚拟现实技术应具有广阔的可想象空间，可拓宽人类认知范围。其不仅可再现真实存在的环境，也可以随意构想客观上不存在的，甚至是不可能发生的环境。

在此虚拟环境中，多感知性所提供的各种信号符合用户在现实世界中的固有经验，而交互性更增强了用户对此环境的认可程度。在这两种作用之下使人真假难辨，产生一种身临其境的感觉[4]。

沉浸感基于显示系统的4个技术特性

虚拟现实首先被认为是一种全新的人机交互模式，而沉浸感通常被认为是区分虚拟现实与其他类型的人机交互界面的基本特征。虚拟现实的沉浸性从技术上分析，具有以下4个特征[5]：

1.虚拟现实系统向用户提供的视觉信息与真实的现实环境是隔离的。

2. 用户所感知的虚拟环境在内容上具有三维空间的完整性。

3. 虚拟现实系统向用户提供的显示方式是全景式的体验，而不是局限于狭窄的区域。

4. 虚拟现实系统的显示终端能够提供足够的分辨率、色彩保真度和动态范围。

基于以上4个特征，当今的虚拟现实设备为用户提供了不同的沉浸式体验。头戴式显示器（HMD）通常被认为是具有高度沉浸感的VR显示设备，其中视域范围较小的HMD所提供的沉浸感要小于视野范围较宽的HMD。而像CAVE这一类的多通道投影显示系统其沉浸式体验要优于单通道的投影显示系统[6]。

临场感的概念

在虚拟现实的特征描述中，临场感这一概念经常被用来描述虚拟现实系统中用户在心理方面的体验。临场感是指用户在沉浸式虚拟现实系统中体验到的身临其境的置身于虚拟环境中的感受。用户在虚拟现实系统中的临场感由以下三个方面构成：

1.交互主体具有高度沉浸式的三维空间体验。虚拟现实系统给用户所提供的高度沉浸式的视觉和听觉体验，能够让用户产生置身于虚拟空间的位置错觉。尤其是当用户在沉浸式虚拟现实系统中能够通过自身的头部转动及身体移动从不同的角度对虚拟空间进行多方位的观察。如果用户只是从有限的角度，对虚拟空间进行观察，则空间的沉浸式体验很容易出现中断。

2.虚拟空间中的物体运动模式具有高度的拟真性。交互主体在虚拟现实系统中的认知体验还取决于三维的虚拟空间中事件发生的合理性与真实性程度，即在虚拟空间中事物的发生与运动模式是否符合真实世界中的客观规律。这种拟真性的体验比较直观地体现在运动过程中的物理规律的呈现，比如在虚拟空间中刚体与墙面及地面的碰撞及反弹运动，物体在重力影响下的加速度运动等。另外虚拟角色动作的自然程度，以及与交互主体反馈的丰富程度也会影响交互主体对于虚拟空间真实性的判断。

3.交互主体在虚拟场景中具有较高的参与度。用户在虚拟现实系统中交互行为的丰富性及交互反馈的及时性在很大程度上影响着交互主体对于虚拟场景的认知体验。例如用户的行走、击打等自然的行为，在虚拟场景中都能得到视觉上、听觉上的及时反馈，用户能够与尽可能多的场景元素进行交互，并得到信息反馈。

基于上文的分析我们也可以将虚拟现实的特征概括为4个基本要素，即：数字化的三维虚拟场景、身临其境的沉浸式体验、多感官的信息反馈及多模态的自然交互形态[7]。

数字化的三维虚拟场景

虚拟现实中的场景是由计算机生成的三维数字化模型所构成，三维数字化场景模拟虚拟对象的视觉形态、声音特征以及物理属性和运动规律等特征，同时也包括虚拟对象之间的相互关系。这些特征及关系是依据现实世界的规律而存在的。由于虚拟现实的非物质化属性，虚拟世界中的数字化对象可以表现出超越现实世界的客观规律而存在[8]。

　　人类生活在一个三维的世界里，在现实世界中空间与人类的所有行为都息息相关，正如爱德华霍尔在其理论中所提到的，空间不仅组织了生活中的所有事物，同时空间也规定了自我与他者之间的界限。我们的所有行为都与空间信息有着密切的关系，客观世界的所有事物都通过空间建立起了秩序和相互之间的关系。许多认知过程，从物体结构的识别、环境空间的判断、地理位置的导航到事物间的逻辑推理，甚至语言的表述都需要空间信息的处理[9]。

　　环境心理学的研究表明人类通常从三个维度对空间信息形成判断：第一是环境的物理特征，如环境的形态结构特征、环境的声音特征、环境的光影特征；第二是人类与环境所产生的互动行为，包括参与者自身的运动和对物体的操纵，以及与他人的互动；第三是人类对于环境所具有的社会意义和情感属性的认知，如环境所具有的某种情感记忆，包括空间所表现出的社会属性及情感属性。

　　人们对虚拟世界中数字化对象的认知相当程度上是延续了现实世界中的认知经验，数字化三维虚拟场景中三维数字化对象也有它们的特征属性，如形状、质地、颜色、纹理、密度和温度等，与此同时人类也在不断地完善数字科技从而能够使用对应的人体感官来感知虚拟世界中的这些特性[10]。

身临其境的沉浸式体验

　　综合学者们的研究成果，虚拟现实系统的沉浸性可以从技术的角度和人类心理认知的角度进行描述。从技术的角度理解，沉浸性是指计算机系统向人类参与者提供感官上的具有包容性、广泛性和环绕性的认知体验。从而产生一种身处虚拟环境的真实生动的幻觉。从心理认知的角度理解，沉浸性被定义为一种特定的心理状态，其特征是人类参与者认为自己被一个虚拟的环境所包围，身处该环境中，并能够与之互动。

　　虚拟现实的沉浸式体验，可以分为物理感官和心理精神的临场两个层次。物理临场是虚拟现实的基本特征，主要是指体验者的身体感官通过系统所提供的视觉及听觉等各种合成信息刺激，体验到一种真实的空间环境的存在。心理上的临场则是在物理临场的基础上更进一步地进入了一种恍惚的状态，体验者感觉到成为虚拟世界的一部分，并且产生了惊讶、希望、恐惧或愉悦等不同的心理体验。

　　虚拟现实的物理临场表现为技术层面的特征，虚拟现实与其他数字媒体模式在特征上具有一定的差异，主要表现在它是通过对用户的位置和动作的连续追踪，并且向用户提供实时的多种模态的信息反馈来构建虚拟世界，让虚拟现实系统通过视觉、听觉、触觉向体验者提供虚拟世界的临场感。虚拟现实系统所提供的多种模态的信息刺激，会在不同程度上替代现实世界的感官刺激，从而减少现实世界在体验者心理中的存在感。沉浸式体验的程度取决于虚拟现实系统所提供的信息刺激在多大程度上取代了真实世界提供的感官刺激。

虚拟现实系统的心理临场水平取决于虚拟现实系统的设计应用情境,在数字娱乐领域虚拟现实系统的设计需要提供高水平的心理临场感。也有学者提出观点认为高度的精神沉浸性,并不是在所有的虚拟现实应用中都必须要实现的,在一些情况下,高度的精神沉浸性也可能产生一些负面的作用。因此虚拟现实系统中,心理临场水平的设计需要根据不同的使用情境设计并规划。

用户的心理临场状态可以分为以下三种不同的强度:

1.体验者感知虚拟现实系统所提供的空间场景信息,但同时也保持着清晰的真实世界的空间意识。

2.体验者专注于与虚拟世界的互动,忽略了真实世界的信息刺激,但仍然对真实的空间环境和虚拟世界所产生的不同的信息刺激具有认知。

3.体验者完全沉浸在虚拟现实系统所提供的数字化三维场景中,完全忽略了真实世界的存在。

心理临场感的水平受到虚拟场景中光影材质等图形显示质量的影响,同时也受到虚拟现实系统所能够提供的感官刺激的数量等因素的影响。另外,虚拟现实系统中用户与虚拟环境之间交互反馈的延迟也是影响心理临场感水平的重要因素。

虚拟空间的多感官认知特征

人类的感觉器官,包括皮肤、眼睛、耳朵等简称感官,与感官对应的包括人类的多种感觉,其中主要有视觉、听觉、触觉、味觉、嗅觉以及平衡感、本体感受、时间感,空间感等。从虚拟交互的角度来看,多感官主要是指视觉、听觉、触觉等三种感官,这三种感官彼此作用,共同形成交互主体对于虚拟空间的认知体验。感知由感觉和知觉构成:感觉是由于个人接触到外界的环境从而激发人体的感官,并且引起人体的最早期的心理反应;知觉是对外部事物的感觉转化而成的信息,并通过大脑的分析、整合,得出完整的对外界各种事物的不同认识。感觉是知觉的基础,人们通过感觉感知事物的形、色、味等;知觉是在感觉的基础加上以往的经验,从而形成对事物的整体的认知[11]。

在数字化的虚拟空间中,人类的空间知觉与真实物理空间相同,包括了形状知觉、大小知觉,深度和距离知觉,方位知觉与空间定向知觉。显然在空间知觉中,人类的视觉感官起到了重要的作用。视觉的运动视差给我们提供了物体远近的线索,从而在知觉中构建及空间的距离特征。双眼视差同样也为人类提供了在空间中的深度知觉和距离认知。

人类在空间中的方位定向除了借助视觉信息中各种主客观参照物的空间位置关系进行判断以外,还大量地应用听觉感官根据声源的方向进行空间的判断,如人们可以根据草丛中蟋蟀的鸣叫声音确定声源的方位,从而构建起听觉的方位定向。在听觉空间方位定向过程中,双耳的听觉刺激差异在形成声源的空间方位中起到了重要的作用。人耳能够分辨声音在左右两侧接收到的时间差异，其精度可以达到0.00001秒。另外当同一声源从两耳的不同方向传递到听觉器官中时，双耳接收到的声音强度有着较大的区别。通常两耳的声音强度差，可以达到20分贝，根据声音强度的差异，同样能够精确地判断出声音源的空间方位。

对于"体验"可以理解为：身处某种特定的环境，而用感官去感受环境的特征，用心灵去感受环境的氛围。辞海中对于"体验"的解释为"亲身处于某种环境而产生认识"，在这个解释中我们可以理解体验有两个层面，首先体验的形成必须身临其境，并在此基础上形成对周围环境的认知。在虚拟空间中交互主体的体验具有以下三个阶段的变化，首先通过视觉及听觉等感官对虚拟空间形成初步的感知，在此基础上对感知加以理解和判断，结合以往的记忆形成对虚拟空间的认知体验。虚拟空间的环境及氛围如果和交互主体在心理和审美上形成共鸣，则又产生了审美情感的升华，形成了情感体验或审美体验[12]。

对于建筑文化遗产的虚拟空间场所的认知体验研究，可以参考建筑现象学中的认知理论。交互主体在虚拟空间中，对于场所和空间的认知延续了在真实物理空间中的认知经验。虚拟空间的建筑尺度、空间体量以及结构造型，同样需要交互主体的身体知觉感受参与才能形成认知体验，交互主体在虚拟空间中的交互行为以及肢体动作的变化导致了对于虚拟空间场所的认知，交互主体的运动变化形成了对于虚拟空间的认知体验。梅洛-庞蒂在知觉现象学一书中指出身体与空间的关系，"如果要表征空间，必须首先通过身体进入空间，空间必须给予我们使空间变成一个客观体系，使我们的体验成为关于物体的体验……运动机能是所有意义的意义在被表征空间的范围内产生的最初领域"。现代建筑理论中对于建筑空间场所的感知已经远远不是传统意义上对于建筑平面以及建筑立面的认知和理解，而是人们对于建筑场所空间内部行为过程中所形成的动态的认知体验[13]。

人类通过多个感觉通道感知周围环境，人类的感觉器官能够检测周围环境的视觉、听觉、味觉、嗅觉、触觉、运动知觉以及温度、电磁变化等多种不同类型的刺激信号。虚拟现实系统能够通过多种类型的传感器模拟人类对于环境的知觉。虚拟现实系统的多感官信息反馈可以从系统的信息输入和系统的信息输出两个方面进行分析。

虚拟现实系统从环境的信息输入

虚拟现实系统，能够基于自身所具备的多种传感器来捕获环境及相互系统体验者的参数变化，能够基于多种不同类型的摄像头获取环境的图像信息，进而使用双目视觉等原理计算出环境的结构特征以及深度信息。虚拟现实的位置追踪系统能够获取用户在场景中的位移变化，陀螺仪传感器能够获取用户的头部转动方向，声音传感器用于捕获体验者的语音信息和周围环境的声音信息。虚拟现实系统还能够附加光敏传感器、气压传感器、温度传感器等各种类型，从而感知环境细微的变化。

虚拟现实系统向体验者的信息输出

针对人类的不同感觉器官，虚拟现实系统能够输出多种形态的信息内容。系统通过投影仪、头盔中的LED显示屏等设备向用户提供360°环绕的视觉体验。高保真的音响系统向用户提供沉浸式的听觉体验，力反馈的手套以及震动手柄等设备向用户提供虚拟场景中的触觉体验。虚拟现实系统也能够通过动作捕捉，以及眼动追踪等设备捕捉到用户的身体动作以及眼部动作等，并对用户的行为做出实时的反馈，从而形成交互主体的运动感知。

综上所述，人类对于建筑空间的认知和体验是综合了视觉、听觉、触觉、运动知觉等多种感官知觉的基础上所形成的心理感受。而虚拟现实系统所营造的数字化虚拟空间同样也是通过视觉、听觉、运动知觉以及触觉等感知模式协同作用，从而构建起对虚拟空间的认知以及多样化的建筑遗产信息的表达与传递，进而触发交互主体对于建筑遗产的思考以及情感上的共鸣。

多模态的自然交互形态

虚拟现实系统的真实性源于系统对交互主体动作的实时反馈，人类运用自身的运动能力与虚拟世界进行互动，这种交互可以大致分为虚拟环境中的导航、在虚拟环境中对物体的操纵以及在虚拟世界中与其他用户的互动，并且这种反馈趋于人类的自然动作行为。这部分的内容详见自然交互的章节。

4.1.4 虚拟现实的媒体属性

虚拟现实作为媒体的表现形式之一具有以下功能：

传承文化

媒体记忆和传播的不仅仅是知识和经验，也包括人类的文明习俗和人与人之间约定俗成的礼节和礼仪。文化是由不同地理和自然条件乃至历史进程构筑的具有群体特征的意识和精神。文化的传承其实质与人类的自然繁衍一般，有其必要性。自然繁衍是从物质上保障人类的生存，文化繁衍是保障人类在精神上的连续和统一，避免人类代际群体之间的割裂。某种意义上，文化是人类精神的需要和社会完整的必要条件。人类对于文化知识的代际传递，除了依赖人类自身的记忆和经验之外，主要的物质手段便是各种各类媒体，媒体在传承文化上起到的作用，一方面是保存过往的历史，另一方面是传播这种历史的惯性，包括以一种故事化的方式教化大众，解释其他不同人群的习俗礼仪以及与他人关系的互动因果关系。人的记忆是有限的，倘若没有媒体的辅助这种保存和传播无法实现，文化的传承必然会断裂。虚拟现实中的传媒，在存储和记忆人类文化层面上仍是基于计算机的硬件存储装置，将人类文化的文字、图像、声音等转换为数字编码，存储于特定的元器件中，需要时读取，这一点和网络时代并无不同。但是，在传播人类文化层面，虚拟现实可以通过更为生动的、多样化的方式对人类文化的具体知识点和细节进行描摹，并使受众在一种身临其境的环境下接收这种知识。这是由于虚拟现实构筑的虚拟世界可以原原本本地复现以历史和文明为背景的文化场景，使文化这一宏观的概念在具体传播过程中具象化，而不受地理空间时间的限制。虚拟现实的互动特征，又可以使受众直接参与到过往文化现象中，加深受众对文化的表征体验，从而加深对文化深层意义的理解。同时虚拟现实的数据精准性降低了文化传承过程中的不确定性，提高了文化传承的效率。这种互动在语境完全数字化统一的情况下，几乎不存在传播隔阂和障碍，文化的传承达到最大的精准性和一致连续性[14]。

提供娱乐

人生存过程中不可或缺的一环就是娱乐，娱乐作为动物和人类均具有的基础活动，其意义在于维护人类生物性的平衡，包括精神状态在进程中的放松，体质在自然竞争中的提升等，这一切都可视为媒体的功能。在提供人类精神食粮这方面媒体作为大众娱乐的渠道和手段，在人类生存历史上从未中断。以文本为媒体的小说与电视媒体的电视剧，到今天涵盖全媒体提供互动的互联网，都发挥着其娱乐大众的重任。从几种主要娱乐媒体的发展过程来看，其内容的表示形式为文字、图像、声音、动画、影视及互动媒体。娱乐信息内容呈现出复杂化的倾向，娱乐媒体的载体是书籍、报纸、杂志、声音播放器、视频播放器、多媒体终端及社交与互动（互联网）。从印刷媒体向电子媒体过渡呈现出信息容量的扩大化趋势，网络在娱乐媒体中的作用是整合性的，为所有娱乐媒体提供了社会互动功能。在网络出现以前的娱乐互动，对于印刷媒体而言它不是一种即时手段，无论是作者与读者之间还是读者与印刷媒体提供的内容，所构筑的精神空间之间的互动都是内化的、延时的。对于电波媒体而言，由于电信号的空间突破以及瞬时性，广播电视可以借助电话等其他辅助媒介实现相对的社会互动，但只能一对一或一对多地小范围内传播。网络出现以后改变的是媒介的社会互动范围，宏观社会互动可以通过媒体实现，对于娱乐媒体这种社会互动带来更多乐趣。与单机电子游戏相比，人机互动显然没有人人互动来得复杂和更多的不确定因素。鉴于娱乐本身是模拟冒险和寻求虚拟刺激，更多的不确定性带来的肾上腺激素水平必然更高。网络介入娱乐媒体后，娱乐媒体的本质没有改变，但在娱乐程度上超过了以往的媒体，更容易让受众体验互联网娱乐媒体的魅力并在某种程度上沉迷其中。而虚拟现实这种数字化娱乐模式作为互联网媒体的一种类型对于用户而言更具有体验上和精神上的吸引力。这不仅仅因为虚拟现实具备沉浸性的娱乐特征，虚拟现实技术应用于娱乐方向，其在互联网的环境下所营造出的数字化三维空间，不仅仅模拟了现实世界的空间体验，而且更能营造超乎现实的想象空间[15]。如果单纯考虑沉浸特征和互动特征，两者单独作用下对于受众的娱乐体验还是有限的，而当沉浸与互动相结合，所产生的是1+1>2的效果。虚拟现实带来的互动性和沉浸性的空间体验，为网络媒体营造沉浸性的娱乐体验带来了不可估量的发展前景。

知识信息的传播

虚拟交互系统在公共空间的应用情境是对于公众实现知识信息的传播以及文化思想理念的表达，作为一种综合性的数字化媒体虚拟现实在这方面起到越来越重要的作用。虚拟现实对于知识和理念的传播具有即达地特性，这使得其具有更高的教育功能的效率，另一方面这种信息传播的瞬时性和普及性使得个体对于信息的接受更趋个性化，观点更为多元化。因而在传播效率提升的同时，使得其在教育的效果尤其是宣传性教化的效果上出现不可预见性。这一点与互联网的信息传播所具有的特征和趋势是一致的[16]。

教育的本质从人类的角度而言，是人类文明延续的需要，一个人而言则关系到自身的生存与发展。人类的知识经验以及文明成果的积累从某种角度表现为各种形式的信息，这些信息存在于不同类型的媒体之上，随时供人存储阅读。从这个意义上讲，媒体是信息的容器是信息传播的载体。现实系统作为建立在硬件和软件技术基础上的信息系统，其存储和传播的知识信息以及人类文明的成果对于教育而言具有重要的意义和价值。

虚拟现实系统自身所具有的特征也给其在教育领域中的应用带来了新的模式。沉浸式的空间体验可以为公众的知识信息传播提供数字化的复杂场景，从而使受众得到直观的认知体验。在传统的传播媒介中知识信息的传播往往给受众带来的仅仅是观点和现象的描述，用户在其中缺少沉浸式的参与感，虚拟现实系统所具有的沉浸式的认知体验使知识和信息的演绎生动地出现在受众的身边，使受众的学习过程具有高度的参与感。文字和图像所描绘的场景往往只是给人提供思考和想象的依据，而无法形成直观的认知，即使是平面的影像内容也难以达到身临其境的认知效果。虚拟现实系统所营造的沉浸式的学习体验完全再现了学习对象的空间形态和操作过程，完全模拟了现实世界中感官刺激和空间尺度体验，为受众营造了直观的认知学习环境。

4.2 建筑遗产的沉浸式交互体验

4.2.1 虚拟现实中的沉浸式空间感知

达·芬奇曾说："人类是一种视觉动物。"视觉感知是人类对于环境信息的重要来源，有超过1.3亿个感觉细胞参与视觉活动，这些感觉细胞的数量约占人类所有感觉细胞的70%。另外还有超过4亿个神经元也参与视觉活动，这些神经元的数量超过了大脑皮层总数的40%。

人类的各种行为都和对于空间的感知息息相关，空间不仅组织了生活中的几乎所有事物，空间也划定了自我和他者之间的界限。许多认知过程，从导航、心理旋转、三段论推理和问题解决到语言都需要空间信息处理。虽然许多理论涉及空间信息处理的各个方面（例如，环境信息的表示和认知地图的形成、视觉空间工作记忆、基于空间心智模型的推理、心智图像和导航），但其他理论更多地关注神经基础空间处理和调查，例如，大脑如何构建空间表征，特定类型的细胞群如何支持空间认知的特定方面，以及支持空间导航的神经机制是否跨其他领域运作的认知。

空间参照系（相对坐标 绝对坐标）

参考框架是对于空间认知研究的一个至关重要的概念，尽管这个概念本身与亚里士多德有关并且它在中世纪的空间理论中占主导地位，但另一方面，参考框架一词是由格式塔感知理论在20世纪20年代引入的，该理论提供了以下定义：空间认知中的参考框架构成空间形态的一部分元素，这些元素共同用于识别空间坐标系尺度、方位和单位，根据该坐标系来衡量对象的某些与空间相关的属性，包括参考框架自身的属性。空间坐标可以从各种感官输入（视觉、听觉、体感）中提取，传达空间坐标信息的不同感觉信号被整合到大脑的后顶叶皮层，在那里进一步与本体感觉信息结合，然后依据人脑中在空间认知过程中所建立的不同参考框架用于计划特定的身体运动。

在虚拟交互系统中除了能使人类产生置身于一个真实的环境中的感官体验以外，还能够执行人类在该虚拟环境中的某种肢体动作并得到相应的反馈。虚拟现实中沉浸式空间感知的获取需要交互主体能够执行虚拟环境中所特有的行为，如拾取虚拟环境中的某一个道具，并手动观察其造型细节。如果缺失这种行为和反馈的交互机制，那么交互主体在虚拟交互系统中的真实存在感将逐渐消失。交互主体与虚拟现实系统之间产生行为和感官反馈机制和可能性是沉浸式空间认知的一个关键特征。

在空间认知的心理学研究中，学者们认为在人类的空间认知过程中有两种类型的参考框架，一种是以观察者自身为中心的参考框架，另一种是以观察对象为中心的外在的参考框架。空间认知中的这两种参考框架与不同地区和文化中的认知习惯有关，例如在某些地区的语言中以及对于空间方位的表述中习惯于使用前、后、左、右等主观的空间参考系，而在中国北方的某些地区人们则更习惯于使用东、南、西、北等客观的空间参考系，并且将所表述的空间对象与特定的地标关联起来。有研究结果表明人类个体之间对于空间认知的能力和表述方式存在较大的差异，这与空间认知行为的情境和语言表述习惯有一定的关系。空间认知的跨文化研究表明，不同文化之间的空间认知策略存在偏好差异。然而，空间认知的跨文化差异不是空间认知能力的问题，而是反映了用于编码空间关系的记忆策略的偏好不同。

在虚拟交互系统中空间环境的感知模式是以第一人称相机为主要认知模式而展开的，因此以交互主体自身为中心的参考系将起到重要的作用。在面向对象的交互操作中系统的交互提示和行为引导更多的是以自身为中心的空间参考系而设置的。

4.2.2 沉浸式虚拟现实系统在建筑遗产保护中的应用

建筑作为造型艺术的类型之一，同时又具有空间的功能属性以及建筑技术的属性。对于建筑遗产的解读必然主要是通过视觉在三维空间中认知和体验的，虚拟现实技术所提供的沉浸式交互体验为建筑文化遗产的研究与传承以及面向公众的传播构建了全新的模式[17]。

建筑文化遗产的沉浸式交互系统其作用不仅仅局限于对建筑遗产的数字化记录，而是将完整系统的三维数字化文物遗产应用于建筑遗产的研究、高校的教学、面向公众的文化传播以及服务于文化旅游领域。

在建筑文化遗产的研究领域，沉浸式交互系统为专家学者对于建筑遗产的深入研究提供了更为全面的资料信息和具有更好认知体验的研究工具。沉浸式交互系统的开发过程中，在遵循原真性原则的建筑空间文物数据采集和记录基础上，根据测绘数据全尺寸地构建出建筑空间的完整形态。沉浸式交互系统与建筑遗产的数据库构建起完整的数据接口，与建筑遗产相关的数字信息、文字信息以及图形图像都能够与三维空间的建筑构件建立起对应关系。建筑遗产的多种信息类型，都能够在直观的虚拟空间中围绕研究者的关注重点重新进行组织和呈现。建筑遗产数据库中的结构信息、材料信息以及工艺信息都在虚拟环境中的相关建筑构造上能够通过交互的方式获取。在沉浸式交互系统中将分散的、多模态的、抽象的相关信息与虚拟环境中的可视化建筑形态进行直观的结合，这种信息的整合方式为研究者提供了新的认知视角，提高了研究分析的效率，同时也便于学者们从更多的维度整合历史建筑的信息，从而对研究对象形成全新的认知。

中外建筑史的教学在高校的课程体系中具有重要的作用，它不仅是建筑设计环境，艺术设计以及景观设计专业的必修课程，同时中外建筑艺术的造型特征也是影视动画、游戏设计等专业的学习内容。对于中外优秀建筑文化的学习，能够使学生更好地理解人类文明的发展沿革，吸收历史建筑中的艺术精华，掌握人类在不同历史时期、不同文化背景、不同地域文明等条件下所发展出的建筑构造特征，从而对当今时代的建筑设计和数字艺术中的概念设计形成更加完整的认知和理解。然而建筑史的教学过程中对于复杂建筑构造的理解一直是教学中的一大难点。如中国传统建筑中的斗拱和榫卯结构，其复杂的结构特征一直为学生们所困扰。运用沉浸式的虚拟现实系统辅助建筑史的教学，能够直观地在学生眼前展现三维的斗拱分解结构，最大限度地帮助学生记忆和理解相关的知识点。同时，沉浸式的虚拟交互系统以其高保真的可视化呈现方式，也能够让学生身临其境地全方位体验全世界不同地域的人类建筑文明，这种交互式的主观体验相较传统的影像资料具有更多的优势。沉浸式的交互系统，展现了建筑全方位的三维空间结构特征，并且结合建筑遗产的光影和影调表现以及建筑周边的历史人文气息的呈现，能够使学生对于历史建筑的结构构造以及历史文化背景等形成完整的认知[18]。

面向公众进行建筑文化遗产的宣传和传播，有助于提高民众的艺术审美修养，同时也是增强公众民族认同感的必要方式。由于建筑遗产数量庞大，同时所蕴含的历史文化信息也非常丰富，公众需要对建筑遗产进行深入的解读，才能理解历史建筑所蕴含的深厚文化底蕴，从而达到文化遗产的传播效果。在建筑文化遗产的传播过程中由于地域和交通的限制，公众往往无法身临其境地感受建筑遗产的空间审美特征，同时在影像类型的宣传资料中所包含的信息又极为有限，无法针对用户个体提供其感兴趣的知识和信息。沉浸式的虚拟现实系统能够给公众提供身临其境的空间审美体验，同时通过交互式的信息交流方式给用户提供个性化的信息呈现。在面向公众的虚拟现实系统中，往往也结合了更多的游戏化的娱乐属性，在文化传播过程中做到寓教于乐，对于广大的青少年群体具有很好的传播效果。

4.3　虚拟现实中的自然交互

近年来虚拟现实技术在各行各业的应用领域中得到了快速的发展，数字孪生的概念在工业领域被广泛接受并且得到了初步的应用，在文化娱乐产业和教育领域沉浸式的虚拟交互体验具有强劲的市场应用前景，数字科技领域加大了对于虚拟现实关键技术的研发投入，从用户体验的角度解决了一些核心问题。

2021年的《虚拟增强现实白皮书》中所列举的感知交互方面的发展趋势为：内向外追踪技术已全面成熟，手势追踪、眼动追踪、沉浸声场等技术趋向自然化、情景化与智能化的技术发展方向。手部动作的追踪技术与眼动追踪技术已经日趋成熟，并且应用在多款虚拟现实及混合现实的产品设备中。如HTC Vive Pro 及微软的 Hololens 2 代等产品，已经将眼动追踪技术和手部动作追踪作为产品的标配，同时也向开发者提供了完善的开发接口，为新一代的感知交互技术进入消费级应用创造了完善的条件。虚拟现实领域在感知交互方面的技术突破为文化遗产传播中的沉浸式交互体验提供了更好的自然交互的可能性。

4.3.1　虚拟现实系统中的交互行为

人机交互是人和计算机之间进行信息交流的渠道，人机交互的目的是协助用户高效准确地应用计算机系统完成既定的任务。人机交互设计的目标是通过适当的隐喻，将用户的行为和状态（输入）转变成一种计算机能够理解和操作的表示，并把计算机的行为和状态（输出）转换为一种人能够理解和操作的表达，通过界面反馈给人[19]。

虚拟现实系统是一种新型的人机交互手段，实现了一种直观自然的信息交流方式。虚拟现实系统通过多种传感器获取并识别人的动作行为，并通过不同类型的输出设备将信息反馈给人的视觉、听觉和触觉等感官通道，从而完成自然的信息交流过程。

在人机交互中用户界面是实现人和计算机之间进行信息交流的桥梁。计算机科学发展至今桌面系统的图形用户界面已经形成了成熟的体系。图形用户界面（GUI）广泛采用WIMP((Window Icon Menu Pointer)范式，计算机系统的信息内容和操作方式被抽象成Window、Icon和Menu图形形态，用户使用Pointer操作图形形态的界面元素完成对计算机的操控及信息交流。在以桌面系统为主的计算机操作环境中，信息主要是在屏幕上进行显示和操作的，因此传统的图形界面系统是二维形态的布局，通过图形的隐喻表达人类所能理解的计算机系统操控功能和信息内容的输入输出。而虚拟现实系统所提供的不再是二维的信息空间，而是一个沉浸式的三维虚拟空间环境。信息的呈现布局打破了二维屏幕空间的局限，延伸到无限的三维虚拟空间中。在虚拟现实系统中沿用二维的图形交互界面已经不能满足三维虚拟空间中的信息交互需求，同时也会带来用户在视觉等交互体验上的不适。

在以头盔式显示器为主要代表的沉浸式虚拟交互情境中，用户在三维虚拟空间中所看到的，不再是现实空间的场景内容，同时在很多情况下，用户的交互动作往往是处于站立或者是行走的状态而不是处于静止的坐姿状态，因此传统的鼠标和键盘的输入方式已经无法适应虚拟现实的交互需求。在三维的虚拟空间中，用户需要在虚拟场景中自由地行走浏览，选择三维空间中分布的对象元素，并对三维物体进行操控。所有这些三维虚拟空间中的交互任务都需要更为自然的、符合人类行为特征的交互方式。

基于光学和机器视觉的定位技术、手部动作追踪技术以及眼动追踪技术能够准确地捕捉交互主体在虚拟场景中的相对位置和肢体动作，使得系统对人类的行为得到较为准确的理解，从而使一系列复杂的交互行为得以在虚拟空间中展开。学术界将这一类型的人机交互界面定义为Non-WIMP 和Post- WIMP，这代表着数字时代人类信息交互的崭新模式。

4.3.2 自然交互的理念

自然交互是一种提升交互体验和信息传播效率的人机交互方式。在自然交互中用户的自然行为包括肢体动作、手势动作、语音等方式，交互主体通过这些方式与计算机系统进行通信达成信息交流的目的。人类通过自然交互运用与生俱来的技能与数字化的信息内容直接交流。在理想状况下计算机系统通过多种类型的传感器捕捉人类的自然动作行为，在自然交互过程中尽可能地弱化用户对交互系统设备的感知。自然交互是一种新型人机交互概念：用户无须额外学习某类交互方式操作，可以直接利用熟知的生活习惯、行为方式和其认知模型进行的交互动作，达到人与机器自然交流的状态。

自然交互系统的设计侧重于运用人类先天和本能的表达方式与计算机系统进行信

息交流的互动。在交互过程中用户无须操作外部的硬件设备，也无须学习任何命令或者操作流程，即可无障碍地完成与计算机系统的信息交流目的。在自然交互过程中，用户与计算机系统交流所使用的方式包括：手部动作的触摸、指向、抓取及操纵某个物体；视线的扫描及注视；通过语言向系统发出指令或进行询问并得到明确的语言信息反馈。

4.3.3 建筑文化遗产传播中的自然交互

在建筑文化遗产的传播中需要在数字化的三维空间中让受众了解建筑遗产的时间属性、空间属性、营造技术属性以及社会文化属性。传播过程所涉及的信息类型包括：数字化三维模型、图像、视频及音频。在沉浸式的虚拟空间中建筑遗产的历史信息是依附于空间形态而存在的，用户在虚拟空间中以自主的行为对历史信息进行访问及检索。在这个虚拟交互系统中，信息分布于空间中的三维模型对象上，信息的形态是多样化的，信息架构的模式是依据建筑遗产的时间属性、空间属性、营造技术属性和社会文化属性而链接起来的。因此在虚拟现实系统中如何让用户能够以自然的行为模式与系统进行高效流畅的信息交流，是数字化传播中需要解决的重要问题

近年来在虚拟现实中感知交互技术得到了长足的发展，虚拟现实系统的各种传感器对于人的体态以及各种生理运动特征进行追踪和数据反馈，从而实现了在虚拟建筑场景中丰富的交互体验。通过位置追踪传感器用户能够在数字化的建筑遗产中自由地行走，陀螺仪传感器追踪用户头部的旋转角度实现对虚拟场景的全方位观察和浏览。目前量产的虚拟现实设备中，眼动追踪技术和手部动作追踪技术已经得到了较为广泛的应用。虚拟现实设备追踪用户目光注视点的变化，实现对于用户所关注物体的选择以及相关物体附属信息的呈现。用户通过手部的抓取以及摆放等自然的动作行为，实现对虚拟场景中建筑构件的操控，从而获得场景中虚拟构件相关的更多信息。在语音识别技术的帮助下，用户通过语音对系统进行操控命令的输入，从而完成一系列交互行为与反馈。

4.3.4 虚拟现实中的人机交互发展趋势

人机交互是人和计算机之间进行信息交流的渠道，人机交互的目的是协助用户高效准确地应用计算机系统完成既定的任务。人机交互设计的目标是通过适当的隐喻，将用户的行为和状态（输入）转变成一种计算机能够理解和操作的表示，并把计算机的行为和状态（输出）转换为一种人能够理解和操作的表达，通过界面反馈给人。维基百科上将人机交互（Human-Computer Interaction）定义为"研究系统与用户之间的互动关系的学科"，这里的"系统"可以是各种各样的机器，也可以是计算机化的系统和软件。Human是人类、Computer是系统，Inter-意味着"相互"，而action指代某种行

为——人机交互就是人和系统互相影响、互相作用的过程。

虚拟现实系统是一种新型的人机交互手段，实现了一种直观自然的信息交流方式。虚拟现实系统通过多种传感器获取并识别人的动作行为，并通过不同类型的输出设备将信息反馈给人的视觉、听觉和触觉等感官通道，从而完成自然的信息交流过程。

自从1943年第一台计算机COLOSSUS诞生以来，人类与计算机系统进行信息交流的方式经过了以下几个阶段的变化：命令行界面（CLI）、图形用户界面(GUI)、多媒体接口(MI)、自然交互界面(HCL)。

命令行界面

人类与计算机系统进行信息交流的第一代界面是以文本形式进行输入和输出的命令行界面。计算机终端应用文本进行程序编辑，计算机系统输入或输出的各种类型的信息直接以文本的方式显示在计算机屏幕上。人机交互的主要方式是通过问答对话来实现的，屏幕上出现的主要文本信息是命令行语言和文本菜单。在命令行界面上，人们通过手动输入关键字信息和命令行语句，系统则输出静态的文本字符，以表达计算机系统输出的信息。这种命令行界面的交互方式具有较差的人机交互体验。

图形交互界面

20世纪80年代以来，图形用户界面在计算机操作系统中得到了广泛的应用。在人机交互的操作系统中，用户可以通过对话框、各种类型的信息窗口、图标、菜单并且结合鼠标和键盘直接操作屏幕上的图形对象。与命令行界面的不同之处在于图形用户界面的信息组织逻辑是渐进式的，用户更多的是使用鼠标去点击可视化的图形对象，从而完成交互过程。因此，图形用户界面的人机交互过程中更加符合人类自然的行为逻辑，极大地提高了信息交互的效率。

多媒体界面

WIMP交互界面（窗口、图标、菜单、指向设备）基于传统的Windows操作系统，其主要的输入设备为鼠标和键盘，这种经典的交互范式在二维的视窗交互系统中有着广泛的应用。传统桌面级交互的WIMP交互界面（窗口、图标、菜单、指向设备）已经不再适合沉浸式的虚拟空间交互形式，在虚拟空间的交互中需要更加符合人类行为特征的交互方式以达到更高的信息传递效率和更好的认知体验。从虚拟现实交互系统的需求来看WIMP交互模式的二维图形用户界面具有输入信息的带宽过小的问题，WIMP模式的输入方式支持二维图形界面的选择和操作，以及按钮事件线性逻辑架构的对话式信息交互。这种交互模式非常适合于桌面级的视窗交互系统中对于网页的浏览、数字化表格的处理以及2D图形的交互等应用情境，在这样的使用环境中WIMP范式提供了一种成熟有效的交互方式。

多媒体界面是图形界面在风格上的延伸，在界面元素的构成中使用了多种的媒体形式，如动态图形信息、大量的图形图像信息以及语音音效等声音信息。

人类是活动在三维的时空中，虽然图形界面能够模拟构建出三维的操作界面，但是这样的界面并不具备三维空间的属性。人类在物理空间的活动中，更多的是在和环境中的物体以及真实的人物对象进行互动。人类以自身所具有的视觉、听觉、触觉、嗅觉等感官接收环境的信息，同时也通过语言语音以及肢体动作、手部动作去和环境进行互动，这样的交互方式具有人类自然的行为特征，这种自然的交互方式跨越了种族、文化和语言的界限是人类共同的互动方式[20]。

命令行界面和图形界面所提供的都不是在三维空间中的自然交互。从本质上看这两种销售方式都是在一维和二维空间中利用准确的信息所完成的人机交互方式，信息交互的模式是静态的和单向的。随着数字科技的发展，人们更多地追求自然的交互体验，人机交互的模式趋向于三维空间中实现的智能化的交互过程。虚拟现实技术在满足这样的交互体验中有着独特的优势。在当今的虚拟现实设备中，集成了更多的传感器系统，具备了更加智能的图像模式识别算法，从而使得人类通过视觉、听觉、运动知觉等自然的感官与虚拟世界中的数字信息进行交互成为可能。

在人机交互中用户界面是实现人和计算机之间进行信息交流的桥梁，计算机科学发展至今，桌面系统的图形用户界面已经形成了成熟的体系。图形用户界面（GUI）广泛采用WIMP范式，计算机系统的信息内容和操作方式被抽象成Window、Icon和Menu图形形态，用户使用Pointer操作图形形态的界面元素完成对计算机的操控及信息交流。在以桌面系统为主的计算机操作环境中，信息主要是在屏幕上进行显示和操作的，因此传统的图形界面系统是二维形态的布局，通过图形的隐喻表达人类所能理解的计算机系统操控功能和信息内容的输入输出。虚拟现实系统所提供的不再是二维的信息空间，而是一个沉浸式的三维虚拟空间环境。信息的呈现布局打破了二维屏幕空间的局限，延伸到无限的三维虚拟空间中。在虚拟现实系统中沿用二维的图形交互界面已经不能满足三维虚拟空间中的信息交互需求，同时也会带来用户在视觉等交互体验上的不适。

与传统桌面级的WIMP交互模式相对比，虚拟现实中所具有的自然交互模式具有以下两点优势：

1. 三维空间中的自然交互模式能够更加高效地对可视化的信息数据进行操作。

2. 在虚拟空间中展开的交互界面能够具有更高的可视化信息容量、更好的信息组织架构。

对于三维数字化的建筑遗产这一类具有复杂的结构并且数量庞大的信息的交互对象，用户在三维空间中获取相关的信息过程中应用传统的二维交互界面，往往会引起信息目标定位的迷失以及信息获取过程中的焦虑等心理现象。

虚拟现实系统中的人机交互界面是在三维空间中进行布局和建立，是在交互过程中所使用的输入和输出硬件设备，也与传统的视窗系统有着完全不同的配置，在虚拟现实的交互系统中必须根据系统的输入输出设备以及系统所要达成的交互任务来开发不同的交互模式，并评价其面向特定交互任务的适用性。在虚拟现实交互系统中对于交互系统硬件的使用范围是非常广泛的，因此建立起统一的交互规范也相对较为困难。尽管如此，由于视窗系统的交互模式已经被用户所熟知，而VR交互系统又没有形成统一的交互规范，因此虚拟现实的人机交互界面在逻辑架构上对视窗交互系统还是有着较多的参考和借鉴。另外，近年来一些为用户所熟知的交互模式如语音交互和触摸屏的交互也成为虚拟现实人机交互界面所参考的重要依据。虚拟交互系统的用户在传统的交互界面中所形成的交互逻辑和认知经验是虚拟交互系统中进行人机交互开发过程中需要重点考虑的因素[21]。

与前20年围绕桌面计算机而设计的界面相比，今天的自然交互研究正走向多元化、多样化的处境，从基于人体工程学的工业产品设计到基于自然思维模型的移动设备交互界面设计，自然交互这一概念被越来越多的研究者所提及，并成为用户体验研究的重要指标之一。

2008年，ACM CHI（国际上首屈一指的人机交互国际会议）会议组织的创始人Jacob提出了基于现实的交互理念（Reality- Based Interaction，简称RBI），并将其作为视窗交互系统之后新一代人机交互界面的设计框架。Jacob所提出的RBI人机交互框架包含了以下4个层次：

1. 物理学原理：如重力、摩擦力、惯性、加速度、物体的位移和缩放等人类对于现实世界中普遍存在的物理现象的认知经验。

2. 人体感知与技能：视觉、听觉、嗅觉、触觉及运动知觉等人类与生俱来的感官认知功能，人类对于自身机体的存在意识，以及人类对于自身肢体及运动机能的控制和协调能力。

3. 环境感知与技能：人类对于外界环境的空间感知、光影感知以及对于环境中所存在事物的操纵和导航技能。

4. 社会感知与技能：人类对于环境中所存在的他人的行为状态及情绪特征的感知能力，以及人类与他人进行信息交流和协同的能力。

RBI框架为人机交互界面设计提供有价值的指南，在这一理念中为人机交互设计提出了一种新的思路，从现实世界中人与物的规律和逻辑中挖掘基于隐喻的交互模式。RBI基于现实的交互框架为自然交互的设计提供了基本的理念和思路。

在虚拟现实和混合现实系统中计算机系统与用户之间的信息交流呈现双向感知和多通道的特征。人与系统之间双向的多通道感知包括：视觉通道、听觉通道、语音及文本交互通道、触觉及运动感知通道。

1. 视觉通道：用户通过眼睛的视觉感知观察虚拟空间的场景元素，所感知的对象包括虚拟空间中的三维几何形态和二维的平面影像。

2. 听觉通道：用户通过耳朵的听觉感知场景中的声音信息，包括声音的强弱、音调以及声音的空间方位。

3. 语音及文本交互通道：用户通过语言表达向虚拟交互系统发出操作指令，或者询问与系统相关的某些信息以求得到系统的反馈。

4. 触觉及运动感知通道：用户通过触摸屏交互设备与系统的图形交互界面进行信息的互动，用户也可以通过力反馈装置向系统输入一些特定的动作。

虚拟现实系统的信息输入通道包括：视觉通道、听觉通道、语音及文本交互通道、触觉及运动感知通道。

1. 视觉通道：虚拟交互系统通过影像传感器、红外传感器、激光雷达等设备以非接触的方式获取用户的手部动作姿态、眼球运动以及周边物理环境的空间结构等信息，从而形成对交互主体手势动作、视觉注视点运动轨迹等人类行为的感知，同时也形成对交互环境外部空间形态的感知。

2. 听觉通道：虚拟交互系统通过麦克风阵列获取交互主体的声音信息，通过语音识别系统形成对用户语音信息的感知。

3. 语音及文本交互通道：虚拟交互系统通过音响设备发出语音，或者通过虚拟场景中的文字信息显示向用户发出询问的信息，获取其交互意图。

4. 触觉及运动感知通道：虚拟交互系统通过陀螺仪传感器及加速度传感器等设备获取交互主体在空间中的运动方向和实时的位置信息，从而在空间方位及用户的肢体动作层面形成对交互主体的状态感知。

通过以上信息的输入和输出双向四通道的交互模式就形成了自然的人机交互范式，在自然交互的模式中，用户摆脱了鼠标键盘等传统输入模式的约束，也无须对各种界面图标和操作流程进行机械的记忆和学习，在自然交互的人机界面中交互主体运用自身与生俱来的本能交流方式通过计算机系统的数字化交互情境获取及反馈信息。在自然交互的模式中眼动交互、手势动作交互、语音信息交互和肢体动作交互成为新一代交互系统中最为常用的人机交流手段。

4.3.5 虚拟现实中的自然交互行为模式

依据虚拟交互系统的交互流程和交互目的能够将虚拟现实的交互任务概括为以下三种任务类型：选择/操纵、导航和系统控制。

选择/操纵

选择作为一种交互行为，是用户与虚拟世界进行交互时的基本任务之一。选择是指用户在周围世界中确定一个点、一个区域或者一个虚拟物体，也可能是选择虚拟世界中在语义上具有意义的某一类物体（例如建筑遗产中的某一类柱子或窗子）。

对于用户来说，在3D环境中执行选择任务与2D用户界面中行为方式有较大的区别。首先，在信息的输入过程中，用户有更大的动作自由度，所选择的虚拟对象也是分布在三维虚拟空间中，因此使用2D的输入设备执行选择的任务会有明显的困难。其次，在三维空间中，虚拟物体之间会有远近的透视变化，同时物体之间也会形成相互的遮挡。再次，虚拟现实的输入设备，根据项目的不同会使用不同的类型而具有不同的操作方式，对于新的交互经验，用户需要学习和掌握的过程。

虚拟现实系统为我们提供了更接近真实世界的行为逻辑和交互方式，数字技术甚至赋予我们在虚拟世界中具有超越现实世界的能力。在虚拟世界中执行选择任务，在三维虚拟空间中的指向是进行选择的前提条件。

导航

在虚拟现实系统中执行选择任务通常需要一个指向设备，用户可以使用该设备在虚拟空间中通过位置和方向的变化改变选择目标，并最终确认选择对象。指向设备可以是手持的控制器也可以是基于手工动作追踪的食指动作，甚至是基于眼动的视觉注意焦点变化。通过这些指向设备用户能够瞄准目标并作出选择。在目前大部分的虚拟现实硬件系统中指向设备的基本原理都是通过追踪指向设备的位置和方向的变化，从指向设备的前方发射出虚拟的射线，该射线与虚拟场景中的物体进行碰撞检测，进而获取射线与物体的焦点，系统能够反馈射线与物体相交时的交点坐标、在该交点上射线的方向，以及交点所属的虚拟物体名称。通过射线的指向选择具有很高的精度，是目前虚拟现实系统中基本的交互技术。

在交互过程中所使用的指向设备可以分为"直接"和"间接"两类。直接指向设备可以用来直接定位3D光标，如手部动作追踪中的虚拟手的动作以及手持式控制器方向变化，直接指向设备，能够通过交互主体的动作行为直接定义射线的绝对坐标，因此具有较高的操作效率，但是用户在执行此类操作过程中动作幅度相对要大，长时间操作容易形成疲劳。间接指向设备使用方向向量来改变光标的位置，用户通常使用手指控制较小的硬件操作范围改变光标的位置和方向，如VR设备中控制手柄上方向按键，以及某些控制手柄上的触控区域以及3D鼠标就属于这一类间接操作的指向设备。用户在熟练使用间接指向设备能够具有较高的交互效率，然而间接指向设备需要用户的手眼协调，这种操作模式需要经过一定的练习才能熟练掌握。

在执行选择交互任务时除了通过射线进行指向动作以外，另一种自然高效的交互模式是通过虚拟手在选择的目标虚拟对象上直接进行触摸。在虚拟世界中设置一个用户手部动作的虚拟代理，虚拟手的实时动作源于手部动作追踪对用户行为的实时采样，也可以是通过操控手柄所实现的较为有限的动作模式（如HTC Vive手柄上通过扳机按键所实现的抓取动作）。利用虚拟手进行选择是一种更为自然的选择交互方式，而通过射线产生3D光标进行场景中的选择任务更倾向于为用户提供一种超自然的交互体验。

系统控制

虚拟交互系统的系统控制任务主要是触发改变系统交互模式或者系统状态的交互动作，如对交互场景的加载、改变系统的显示模式及音效属性或者是改变用户在虚拟场景中的导航模式。在传统的视窗图形用户界面中，系统控制主要使用菜单按钮或者工具栏等界面元素来执行这些交互指令，另外图形元素的拖放、通过键盘的文本命令输入和鼠标的点击也是常见的交互动作。

在虚拟空间中，用户进行系统控制任务的操作往往中断当前的交互任务。另外虚拟空间中用户的交互体验是现实世界1:1的空间尺度，同时在这个虚拟空间中的交互逻辑和交互动作也是源于现实世界中实物的操控体验。因此2D的图形界面在虚拟空间的系统控制交互任务中很难发挥较好的用户体验。

在建筑遗产的虚拟现实系统中交互行为的首要目的是实现对这个虚拟交互系统本身的状态控制，从而才能实现建筑遗产虚拟空间中的其他信息浏览模式。在现有的虚拟交互系统中，我们能够总结出5种交互模式被广泛应用在虚拟现实的系统控制方面（菜单、三维图标、虚拟道具、语音命令和手势）。

菜单是应用最多的一种方式，菜单可以构建起一个系统的信息架构，从而实现一系列较为完整的系统功能的交互需求。在虚拟空间系统中，菜单的位置可以是固定的，更多的时候也可以关联到虚拟场景中的对象上，此时的菜单属性和内容与虚拟对象具有密切的联系。菜单也可以关联到用户在场景中虚拟替身的手部或其他身体部位，这种模式模拟便捷式的智能终端，使用户得到便捷的操控体验。虚拟空间中的菜单可以被系统地组织起来，菜单出现的位置通常与虚拟场景中的构造物相结合，菜单呈现的视觉风格也与场景的整体风格相统一，对于菜单的操控形式也是与虚拟空间中其他交互任务的行为逻辑保持一致。例如一个系统控制的菜单，可以出现在场景的某一个墙面上，其空间尺度的大小和用户的观看距离也同真实世界中类似的板面相一致，用户可以通过操作手柄发出的射线或者是手部动作的触碰来完成菜单界面的交互任务。菜单中可视化的信息元素可以在一维（例如列表、环状结构）、二维（例如板面、表格）或者三维（例如空间矩阵）空间中进行结构化。

虚拟场景中的三维图标与菜单的交互模式密切相关，三维图标的几何造型与交互行为的属性相呼应，用户能够从视觉形态上认知到其所代表的交互功能。三维图标本身并不是虚拟场景的内容构成，而是作为一种交互功能的视觉体现附加在虚拟场景中，其造型通常具有一定的符号化特征，同时其色彩和材质也与场景内容物的风格不同。三维图标的形态是作为虚拟世界中被额外插入的控制元素，同时三维图标的形态也是和虚拟场景中的视觉风格相吻合的。虚拟现实系统的交互主体，对场景中3D图标的造型应当具有良好的语义可识别性，图标的几何形态应该尽可能简约，同时其造型可以来自真实物体的抽象化处理，或者是对于某一抽象概念的可视化符号表现，例如某些虚拟空间中，对于光源和相机的三维抽象化的符号表现。用户通常使用触碰或者射线等方式对三维结构化的图标符号进行操作。

虚拟交互空间中具有交互功能的虚拟物品，通常也起到在场景中的道具的作用。虚拟物品在场景中具有写实的造型，其物品的属性通常是具有某种特定功能的"工具"，这些工具的形态本身就给用户以明确的交互动作的提示，例如场景中一个虚拟的电锯其功能必然是可以用来对虚拟场景进行某种切割处理。场景中具有交互功能的虚拟物品在其视觉表现上应该给用户以充分的提示，以表示其与其他场景三维元素的区别，例如具有高亮显示的外观特征，或者附加相应的文字提示。虚拟道具在虚拟现实场景中作为一种具有写实形态的虚拟实体造型，道具自身的功能属性与在虚拟场景中的交互功能相匹配。用户可以在虚拟场景中拾取并操控虚拟道具，从而完成对应的交互动作。虚拟道具在场景中被赋予真实的物理反馈，其造型和材质本身也和虚拟场景融为一体。

语音命令

计算机系统通过声音传感器将交互主体的声音信号拾取后转化为声音的数字信号，数字化的语音信号经过人工智能算法被计算机识别为人类的语义，从而转化为文本信息。系统获取文本信息后，即可产生对应的交互反馈，从而完成整个交互过程。在沉浸式虚拟现实系统中交互主体很难通过鼠标键盘等工具进行文本输入，对于文本信息的阅读也不如在平面显示器中方便，在虚拟现实的空间中语音交互成为一种更为方便可行的自然交互方式。交互主体可以通过语音模式向系统发出交互指令，虚拟现实系统也可以通过语音模式向交互主体反馈实时的信息，语音模式也是虚拟现实系统向交互主体提出交互流程提示的主要方式。

语音命令因其可以免提使用，这种交互方式可以很好地与其他交互相结合。语音命令的一个优势是其不需要额外的视觉元素来增加场景中的视觉信息内容，语音识别技术的发展使得语音命令在交互设计中备受关注。在虚拟交互场景中语音命令是一种非常便捷有效的交互方式，可以在不使用双手进行辅助的情况下免提使用。因此语音命令也可以与其他交互方式相结合，形成效率更高的信息互动。在使用语音命令进行交互时，虚拟交互情境中不需要出现视觉化的信息输入提示，不会对场景中的视觉元素形成干扰。然而语音命令的一个问题在于：其必须通过用户的学习和记忆才能掌握交互任务的流程和功能。在人工智能还没有深度开发和介入到虚拟交互过程中时，语音交互具有一定的局限性，无法实现较为复杂的交互任务。在使用语音命令进行交互时，用户需要对命令文本进行学习和适应，在使用过程中了解交互中可用的命令和无效的命令。在虚拟现实系统中使用语音命令还要注意其具有一定的局限性：首先语音命令的使用受到环境噪音的影响，在环境噪音很大的场景中语音识别的效率会受到很大的影响。其次，当交互场景需要与多人协作，语音命令的交互方式会与周围的协作者产生干扰从而影响交互任务的进行。

手势交互

人类具有一双灵巧的双手，人类通过双手的动作完成工具的使用及对物体的操控等行为。同时人类也通过双手的动作传递信息、表达情感，人类与环境产生的互动相当程度上是通过双手来完成的，人类的双手是一种自然高效的人机交互工具。虚拟现实系统构建了一个三维的空间环境，在这个环境中通常具有各种类型的虚拟工具和数字化的三维虚拟实体，使用人类的双手在虚拟空间中与这些对象进行互动是一种最自然的模式。在虚拟现实系统中已经能够很好地识别人类手部动作，对手部动作的识别，主要通过两种方式来实现：一种是通过数据手套来检测手部动作包括手部的位移，方向的旋转、弯曲等手部骨骼的变化。目前在虚拟现实设备上更为常见和便捷的方式是通过摄像头识别手部的图像特征从而得到双手的骨骼关节运动变化。这种方式已经能够精确地获取手部关节的细微动作并且不需要额外的设备支持，在实际使用中具有很大的优势。

虚拟现实系统中对于手部动作的追踪提供了一种强大的技术，手部动作追踪系统可以与语音输入技术相结合，共同实现基于自然动作行为的交互逻辑。在交互中一些固定的手势，代表了特定的交互信息用于完成相对固定的交互任务，这一过程也是通过用户的记忆和学习来掌握的。在虚拟现实的交互场景中需要设计相应的提示信息，让用户能够发现和掌握手势动作所隐藏的交互功能。近年来随着计算机视觉技术的不断发展，很多虚拟现实设备已经具备双目影像传感器来识别用户双手的实时动作，这一功能的实现使用户能够以自然的手部动作去操控场景中的虚拟对象，用更为自然的交互逻辑完成虚拟交互系统中的复杂交互任务。

手势交互为虚拟现实系统的命令输入提供了一种非常接近自然形态的交互手段，手势控制和语音输入在当前的虚拟现实系统中是两项最为成熟的自然交互手段。手势交互同样也不需要在系统中设置额外的硬件操控设备和附加的控制界面元素，交互主体凭借自身对于控制动作的理解完成一系列交互行为。然而手势识别的交互动作，也需要一定的学习成本，针对初次使用系统的用户需要设计引导和提示信息，以便于用户快速掌握手势交互的动作方式。

眼动追踪交互

人类面部的器官和肌肉所形成的表情动作在人类的情感和信息交流中起到了不可替代的作用。当今计算机系统对于人类面部五官结构特征的识别，已经达到了相当精确的程度。人类在面部表情的信息传递中主要是通过眼睛和嘴部的动作来传递信息，现在的虚拟现实设备中缺乏专门的摄像头来获取整个面部的表情动作，一些型号的虚拟现实设备中已经内置了眼动捕捉的设备。

人类绝大多数的交互行为是与人的视线跟踪的动作结合在一起的。虚拟现实设备能够同时获取用户头部的位移和转动，同时也能获取用户眼球的转动，这两种行为的结果叠加在一起，系统就能够精确地获取用户视线的追踪。在虚拟现实系统中眼动追踪技术的应用为自然交互的实现提供了良好的基础。

VR系统中应用眼动追踪实现的交互模式较为常用的是凝视动作，当用户的视线长时间地停留在一个物体上时系统将自动判断对该物体的拾取动作。在沉浸式虚拟交互环境中，这种视线追踪的方式可以替代鼠标在平面交互界面中的作用。通过视线在特定物体上停留时间长短的判断，能够实现类似鼠标单击或双击的功能。

肢体动作交互

在人类的交往过程中语言文字、声音、肢体语言是传播信息的三个主要途径。肢体语言的研究学者早在20世纪50年代就在研究中发现人类交往过程中7%的信息来自语言文字，38%来源声音信息。声音信息包括语音音调及其他声音。55%的信息来源肢体语言。肢体语言在人类的信息传播过程中具有重要的意义，身体语言也是人类与生俱来所具有的表达方式。肢体语言所传递的信息具有简单明确而又高效的特征[22]。

通过肢体语言向计算机发送指令

随着Kinect和LeapMotion等设备的成熟，体感互动的交互方式已逐渐普及。体感交互设备通过结构光相机及红外相机等传感器，能够准确地识别用户的肢体骨骼结构，并追踪肢体骨骼的运动，从而准确地获取人体主要关节点之间的空间位置关系。通过对头部颈部、肘关节、腕关节、膝关节、踝关节等主要关节之间实时空间位置的追踪，判断出人类在摄像头前的各种动作姿态。系统对获取的动作过程进行语义的判断，如摇头、点头、摆手、挥手等常用的示意动作。在交互设计中，体感交互设备已经能够准确地向系统传递用户明确的交互意图。

目前通过体感设备完成的肢体动作交互更多地被应用于博物馆展馆及大型公共空间中的线下互动，替代鼠标、键盘、触摸屏等人机交互设备，在沉浸式虚拟现实环境中为用户提供自然的交互体验。

空间位移交互

当人的视觉和听觉沉浸于虚拟空间以后，除了肢体动作的交互以外，会自然地产生在空间中移动自身位置的愿望，从更多的角度去观察这个虚拟的世界。在虚拟现实系统中实现空间位移交互，有两种方式：第一种是通过交互主体在虚拟空间中自然的行走来实现空间位移；第二种是通过使用虚拟现实系统的交互手柄，在虚拟空间中选择定位点实现用户在虚拟空间中的瞬移。第一种通过自然行走来实现空间位移的方式用户体验较为自然，配合系统对于用户头部的动作捕捉，能够让用户以在真实世界中完全相同的交互方式实现在虚拟空间中的穿行与浏览。这种交互方式对交互场地提出了较高的要求，用户的浏览空间范围也有较大的局限。第二种通过交互手柄在虚拟空间中瞬移的交互方式具有较大的自由度，用户的浏览范围及空间不受设备场地的制约，用户的浏览角度还可以突破地球引力的局限，能够从空中或者身体无法到达的角度对虚拟场景进行观察[23]。

交互过程中的选择

在虚拟现实系统中选择作为一种必须的交互任务，意味着交互主体需要对虚拟世界中的目标对象或者某个特定的区域形成确定的交互关系。

在三维的虚拟环境中执行选择任务与二维的交互界面相比需要解决更多的问题。其一，交互主体使用定位设备在具有六自由度属性的虚拟空间中进行三维对象的选择，通常需要使用高精度的控制手柄，或者机器视觉等技术来捕捉人的动作和行为。其二，在三维的虚拟空间中为选择对象的前后遮挡也对选择任务构成了一定的困难，需要改变视角或者应用更为灵活的交互形式在空间中定位目标对象。第三，虚拟交互系统的大多数体验者对于虚拟空间中的交互形式缺少经验，不能熟练地进行空间中的各种操作。第四，虚拟交互系统的交互界面不像传统的二维交互系统那样经过长期的测试，具有标准化的交互流程和交互规范，开发人员往往需要在开发过程中针对各种不同的交互需求去发现更多的可能性问题[24]。

三维虚拟空间中的指向

在虚拟现实系统中用户实现对目标对象的选择，通常使用的方法是从手部位置发出射线并且计算该射线与场景中的三维物体的碰撞交点，根据射线的碰撞检测可以确定被选取的三维实体元素，或者更精确地定位碰撞点的三维坐标。

在三维虚拟空间中，另一种指向物体并确定拾取操作的方式是使用虚拟手并跟踪虚拟手与场景中三维实体元素的碰撞检测。这种方法的优势是用户具有非常自然的虚拟场景操控体验，能够对自身可触及范围内的虚拟对象进行拾取操作。虚拟手的实践可以使用基于计算机视觉的手部动作追踪，也可以使用虚拟现实系统提供的操控手柄硬件。

虚拟现实中的自由度及限制

空间中任何一个没有受到约束的物体都可以具有6个独立运动的自由度，既沿着x、y、z三个直角坐标轴方向的移动自由度和绕着这三个坐标轴的转动自由度。这称之为六自由度，用户的交互行为以及虚拟空间中三维物体的运动及交互反馈都具有6个自由度的运动。但是在一些交互任务中，并非所有的交互行为都需要具有6个自由度的运动模式，为了让交互主体得到更好的用户体验，在某些情境中需要约束和限制交互中的自由度。比如在浏览建筑场景过程中，某些情况下可能限制主观相机的旋转角度从而突出场景中主要信息的呈现[25]。

自然交互是一种提升交互体验和信息传播效率的人机交互方式，在自然交互中用户的自然行为包括肢体动作、手势动作、语音等方式，交互主体通过这些方式与计算机系统进行通信达成信息交流的目的。在自然交互过程中交互界面是不可见的，在理想状况下计算机系统通过运动检测传感器或者多点触控设备捕捉人类的自然动作行为，人类通过自然交互运用与生俱来的技能与数字化的信息内容直接交流。

自然交互系统的设计侧重于识别人类对某个物体的先天和本能的表达，并返回给用户相应的具有预期和启发性特征的反馈。所有的技术和智能都内置在数字工件中，用户不需要使用外部设备、佩戴任何东西或学习任何命令或程序。使用的人类与生俱来的技能与数字化的信息内容直接交流，这意味着这一过程不必学习。这包括人类用身体探索附近空间或周围环境的声音表达和所有手势，例如：触摸、指向、踏入区域、抓取和操纵物体。这些直接行动表达了明确的兴趣信号，需要系统做出反馈。

4.3.6 自然交互中的用户体验

研究表明大脑和神经系统是人体最消耗葡萄糖的地方，而对于脑力劳动者而言，大脑活动消耗的葡萄糖更是远胜于体力消耗。《快慢思想》一书中曾经指出："神经系统比身体任何一个部位消耗的葡萄糖都多。若把葡萄糖当钱币来比喻的话，费力的心智活动显然特别昂贵。当你主动做一个困难的认知推理，或做一个需要自我控制的作业时，你的血糖会下降。"

那么大脑运作对葡萄糖的消耗是否存在某种规律，又怎样尽可能降低葡萄糖消耗、减轻大脑负担呢？卡尔·荣格在《本能与无意识》中提出了人类大脑的两种工作模式：无意识系统和潜意识系统。而其划分标准就是能量消耗的多少——无意识行为的耗能远低于意识行为。

人们在接触一项新事物时都需要"学习"，而学习一旦完成就意味着意识行为转化为潜意识行为，执行时不再消耗意识系统所需的能量。在图形化操作界面出现之前，计算机之所以无法普及，正是因为人脑将当时的计算机运行方式转化为人们能理解的方式是十分困难的，大众并不愿意支付这样的学习成本[26]。

人机自然交互，既不是对人类的纯粹模拟，也不是对物理世界的纯粹模拟。倘若系统完全模拟人类行为，就丧失了其基于电子逻辑的简明扼要；倘若系统完全模拟物理世界，就丧失了其基于虚拟的可塑性和突破性——它是始终与情景联系、其真正的原则只有"减少学习"。

对不同的用户群体而言，"自然"的交互方式是存在差异的，需要针对不同的用户群体找到不同的最优解。自然交互设计就是对应明确目标用户群体、在符合用户预期的使用情境下，与其已有经验或思维模型相符合的交互方式——经验意味着"习惯"，对于习惯鼠标的用户，在VR设备环境使用手势交互"打开"物体时，其第一反应未必是设计师构想的"分开捏合的双指"，而是"双击"。

思维模型则是用户基于经验在大脑内对具体活动机制的一个抽象形态。以电子屏幕多点触控中的两指手势操纵为例，根据物理经验，真实的物体无法被缩放，但基于平移和旋转的经验，用户抽象出的思维模型则是无论手指怎样移动，物体上固定的两个点始终对应于两个手指的位置。缩放操作正是这一思维模型的直接的推广，而这也是广大用户在使用这一操作时没有感到任何不自然的原因。

因此，出色的自然交互设计需要明确的用户画像，并通过映射、隐喻（例如计算机GUI窗口对现实物体的模仿）等方式，提供符合用户既有思维方式和行为习惯的交互方式，提升产品对于目标用户群体的易学习性。

在自然交互系统的设计中也应该注意避免出现一些问题：在有些自然交互的系统中，通过添加复杂手势来丰富交互语言，这可能会扭曲交互的自然性，迫使用户学习不自然的手势；使用界面元素（例如菜单、图标等）引入中间视觉级别，这将减少交互直接性，导致数字内容和界面元素之间的冲突，因为这两者在视觉上很有可能会引起相互干扰[27]。

4.3.7　自然交互中的对象操作与空间导航

在虚拟交互系统中对象的选择和操作往往是一个连续的过程，因而应当互相匹配。虚拟对象的操作在现实世界中可能没有直接的对应物件，例如对于虚拟物件的缩放和剪切等操作。为了能够实现这种类型的交互操作行为，在系统中可以应用日常生活中人类所习惯的动作行为，也可以在虚拟环境中应用超现实的动作行为，以达到在现实生活中无法实现的操作体验[28]。

在前文中对于虚拟对象选择的方法阐述中提到，应用指向设备实现对物体的选择，通过对手部动作的追踪实现用手指动作的触碰来完成对虚拟环境中实体元素的碰撞检测及选择过程。另一种状态是通过对 VR设备控制器的位置追踪实现与虚拟对象的碰撞检测，从而完成选择的过程。当选择的动作完成后，即可触发下一步对虚拟物体的操作。以上两种方式都是通过手部的动作直接与用户身体周围的虚拟物体进行交互操作，在这个过程中指向、选择和操作是一个连续的过程，基本上是以手部动作为主，以人类本能的习惯动作完成对虚拟物件的移动、旋转、缩放以及触碰后激活新的交互逻辑等操作过程[29]。

除了以上对场景中的虚拟元素进行直接的选择并操作以外，在较大尺度的建筑遗产虚拟交互空间中往往需要实现对距离身体较远的目标对象进行选择和操作的行为，因此需要在系统中设计一些超现实的交互模式。对于较远距离的目标对象往往可以使用以下的选择和操作方式。

第一种常见的选择和操作方式为：以手为中心的射线投射，从当前手部的位置发射出一根射线，射线与场景中的虚拟对象能够进行碰撞检测，并获取碰撞位置的坐标以及碰撞对象的空间属性，在交互流程中通过进一步的确认动作已实现虚拟物体的选择并激活下一步的操作行为。这条虚拟的射线也可以拟物化地显示为一束可见的光束，被光束照射的物体即可表现为指向和选择的对象。从理论上讲这种操作方式可对视觉所及的范围进行延伸的选择和操作行为，从而摆脱了手臂范围的局限，可以实现更为高效的交互操作。

在以手为中心的射线投射选择操作模式中，除了使用VR的控制器设备进行射线的投射和检测，更为自然的交互模式是使用虚拟手技术。虚拟手基于虚拟现实的手部动作追踪，能够让用户更为真实的交互动作和交互形式和虚拟对象进行交互。用户能够伸出食指以食指的方向发射出射线进行指向并完成选择。在此基础上系统能够开发出一系列手势动作，从而完成进一步的虚拟对象的操作。

对于较大尺度的建筑空间场景进行选择和操作的另一种方法是微缩世界（WIM）技术，这种方法的思路为将整个虚拟场景缩小为微缩的场景，类似沙盘能够呈现在用户完整的视野范围内。这个微缩的场景其构成要素对应了建筑遗产虚拟场景中主要的可交互对象。用户能够在这个微缩的场景中通过直接的选择和操作行为实现对于较大规模场景的互动操作。

在建筑遗产的虚拟空间中，导航是一项必不可少而又具有挑战性的交互任务，对于空间方位的指示行为涉及大量的信息可视化和交互行为的引导。在现实的物理世界中导航可以理解为是通过一个已知的空间坐标规划出到达目的地的合理路线，以及在到达目的地的过程中所提供的方向指示和信息提示。

在计算机系统的人机交互中导航也是一项重要的交互任务，用户通过计算机浏览网站、查阅复杂的文本文档或表格以及在计算机的游戏世界中搜索目标方位都是导航行为。在建筑遗产的虚拟交互空间中导航是一项普遍的交互任务并具有核心的重要性，虚拟空间的交互主体需要明确地认知自身在数字空间中的相对位置，并且对感兴趣的目标区域具有清晰的空间概念，从而顺利地完成在虚拟场景中的路径搜索并到达目标区域。

寻路作为一种虚拟交互空间系统中常见的交互任务，寻路的交互过程可以包含以下三个连续的步骤：目标对象的空间定位、合理的路径生成以及交互主体的空间位移过程。

历史文化建筑的数字化保护通常涉及比较大的空间范围，如历史文化街区的传统民居建筑、寺庙及宫殿的院落布局或者是园林景观的整体空间布局，在这些建筑遗产保护对象的数字化虚拟空间中用户需要对某个特定的建筑对象进行详细的空间考察并获取相关的信息。基于这样的交互目的，系统中的交互主体首先需要明确的就是这个特定的研究对象在整体的虚拟空间中所在的相对位置，以确定下一步的行动方案。这一过程就是寻路交互过程中的第一个步骤，目标对象的空间定位[30]。

在常见的虚拟空间交互系统中目标对象的空间定位可以通过以下三种方式实现。

1. 在系统的交互界面中通过二维地图的形式，在地图上搜索并标定目标对象的名称及标符号，通过二维地图确定目标对象在整体空间中准确的相对位置。然后在下一个步骤中通过系统的计算生成基于道路系统的路径规划，并将合理的路径规划结果显示在二维的地图界面中。在完成以上目标信息的确定过程后，交互系统可以切换到三维的第一人称界面，由系统的用户去完成后续的导航过程。

2. 使用三维的微缩景观作为虚拟交互空间的信息界面来完成目标对象的空间定位，这种方式具有更为直观的交互体验。在三维空间的微缩信息界面中需要对完整详细的建筑空间进行简化的造型设计处理，一方面需要保留整体建筑空间和布局的道路系统和空间规划特征，以及各单体建筑在形态上的符号化特征；另一方面也是通过对三维空间造型的简化处理构建出场景微缩景观的低多边形三维模型结构，同时也有助于优化整个系统的运行效率，空间定位的浏览过程能够有流畅的交互体验。通过微缩的三维景观形成场景的空间信息交互界面，在目标对象的空间定位过程中用户能够旋转和缩放整体的地图空间界面，从不同的视角对微缩景观进行观察，更好地了解整个空间的布局特征。这种微缩的三维空间信息交互界面对于较为复杂的空间布局结构具有较好的信息展示效果，便于用户在错综复杂的空间结构中寻找出目标对象的相对位置，同时也有助于用户对建筑遗产及周边环境的整体空间布局形成完整的空间认知。在三维空间信息交互界面中确定了对象的相对位置以后，系统所生成的路径规划也能够以三维的路径标注形式显示在微缩景观的地图场景中，达到更为直观的信息可视化效果。

3. 在历史建筑群的虚拟交互场景中还可以通过突出的地标造型标记特定的目标对象，从而无须额外的地图交互界面就可以直观地确定需要探索的建筑对象所在的空间方位和相对位置，这一过程可以在第一人称视角的空间探索中实现。比如在城市空间的历史文化街区中，民居建筑通常为一至二层的建筑形态，在街区附近高耸的砖塔或木塔就可以成为这一虚拟空间环境中较为突出的地标建筑形象，从而很自然地确定出虚拟空间中所要探索的目标对象所在的空间方位。另外也可以在目标对象的上空设置一个符号化的三维造型，以标记该目标对象在虚拟场景中所在的空间方位。这种以突出的地标造型在第一人称视角的空间探索中标记目标对象相对方位的方法具有较为自然的交互体验，比较适合于在空间布局规模中等、且空间道路系统不太复杂的场景中应用。

导航的最终目的是在系统的信息引导下将用户带领到建筑空间的目标区域，在虚拟空间中系统的用户从初始位置到达目标区域有4种不同的空间移动方式。几乎每一个建筑空间的虚拟交互系统都要考虑用户在系统中位移及对建筑空间的探索方式，这种在空间中移动的机制是系统开发中首先需要解决的问题。

在虚拟现实系统中已经具备有成熟的三维向量输入设备，如Oculus或HTC Vive等HMD系统的控制手柄，在控制手柄上都设置有与前、后、左、右等方向对应的按键系统，另外还可以附加额外的功能键来实现运动过程中额外的位移动作。在这种方法中通常是指定控制器的方向按键对应第一人称虚拟相机的角度旋转，以及在各坐标轴上的位移向量来控制虚拟相机的运动，从而让交互系统的用户在虚拟空间中通过虚拟相机所呈现的视觉观察到自身在建筑场景中的移动和旋转。这种通过控制手柄来操控第一人称虚拟相机运动的操控方式，对于交互主体而言能够明显地体验到驾驶车辆等交通工具在场景中进行移动的感受。在系统中经常会通过对移动和旋转向量的设置将用户在场景中移动的速度设置为平缓的匀速运动，这样有助于避免虚拟现实的晕眩问题。

在第一种位移方式中主要是交互主体通过系统硬件的按钮实现第一人称相机的操控，主动地完成在场景中位移的过程。在另一些虚拟现实设备的使用情境中，用户并不需要体验主动地在场景中进行空间探索的过程，而是需要一种乘坐交通工具在场景中进行浏览的交互体验。在这种模式中第一人称相机自动地沿着指定的运动路线从起始位置平缓地运行到目标点位置。这种模式给用户提供了一种轻量化的交互体验，可以让用户更多地关注建筑空间的造型特征，以更高的效率获取较为核心的建筑空间信息。这种虚拟空间的位移模式也更适用于不太熟悉虚拟现实设备使用的用户人群，让他们通过较少的交互操作就能够获得比较丰富的沉浸式空间浏览体验[31]。

在数字化的虚拟建筑场景中以自然真实的步行方式得到在空间中的位移视觉体验，这是一种最贴近于物理世界的自然的交互技术。在虚拟现实的HMD系统中通过Lighthouse定位系统而实现的Outside-in位置追踪模式，以及通过摄像头获取图像的SLAM算法而实现的Inside-out位置追踪方式都能够准确地获取交互主体在空间中的相对位移。因此通过步行方式在虚拟空间中体验对于建筑场景的探索和漫游，已经是相对比较成熟的技术方案。这种自然交互技术的优点在于：在步行运动过程中人体耳蜗的前庭系统作为人体的平衡器官在真实的运动过程中提供了明确的运动线索，这种运动体验与交互主体在HMD设备中所观看到的运动情境是完全一致的，因而从根本上避免了虚拟现实中眩晕的问题。通过行走而体验到的虚拟空间浏览在最大程度上符合人类在真实物理世界的观看体验，具有很好的空间交互效果。

但是这其中也存在不可避免的问题。首先由于这种交互模式依赖空间位置追踪传感器的设置，因此传感器的探测范围决定了在空间中步行位移的移动范围，通常对于Lighthouse定位系统而言，一般不超过5米×5米的空间范围。另外，在真实的物理空间中墙壁和家具的阻挡也构成了对于在虚拟空间中行走体验的障碍。因此，基于自然步行的虚拟空间位移交互方式比较适合于在较小的建筑空间范围内获得丰富而细致的交互体验。例如，在江南园林建筑的厅堂中构筑虚拟的室内场景，让用户能够体验到古代文人在园林建筑中观赏园林景观的意境与视觉体验，另外还能够在厅堂中自由地行走从不同的角度观赏厅堂的家居布置，以及匾额等建筑装饰构件，从而对建筑场景的人文内涵得到丰富细致的交互体验。

　　由于虚拟空间中的自然步行方式受到硬件设备的限制，人们开发出了另一种行走体验的交互方式，被称为是"原地行走"。用户在一个特定的类似跑步机的设备上原地行走，并能够向不同的方向转动行走方向，系统能够根据用户步行的频率和身体的方向来设置虚拟交互中视觉空间的定位，这种设备比较著名的是Omni Virtuix。原地行走的空间位移技术，能够让用户得到较好的临场感，但是由于身体平衡器官的参与，身体所获得的运动线索与视觉体验的位移速度并不匹配，因而存在虚拟现实眩晕的问题。

　　在大量的虚拟交互系统中作为简洁有效的空间位移方案是通过交互手柄而实现的空间瞬移，用户使用交互手柄在虚拟场景中定位第一人称相机的下一个目标点位置，然后虚拟相机瞬间位移到这个新的位置坐标上。在这个过程中虚拟相机没有在两个位置之间移动的过程，因而减少了在虚拟现实中对于运动眩晕的敏感性。用户通过手柄锁定位的下一个目标点一定是在其视域范围之中的，因此用户对于后续出现的视觉体验具有一定的心理预期，这样也能够减少用户对于空间认知的不适应[32]。

　　这种瞬移的交互方式减少了交互系统对物理空间的需求，由于其操作上的简洁特征也减少了用户在交互过程中的体能支出，能够让用户在可控的方式下实现在场景中的快速位移，同时在较长时间的交互体验中也不容易出现身体疲劳的感受。因而瞬移的交互方式在一些基于虚拟现实HMD的设备开发的游戏中被大量地应用，是一种较为成熟的空间位移交互方案。

　　以上分析了在历史建筑的虚拟交互场景中对系统用户进行导航的交互方案，在不同的路径引导和空间位移模式中导航过程的信息引导具有重要的作用。在导航过程中需要对用户的行为提供及时的提示和反馈，以确保用户能够顺利地完成导航路径的位移。导航过程的信息提示主要是以抽象概括的图标叠加出现在场景的道路等构成元素上，以提示用户做出相应的行为反馈，除了图形的符号以外导航过程的语音提示也是非常重要的信息提示手段，这样能够在不干扰视觉体验的基础上提供必要的交互行为提示。

1. Blach R. Virtual reality technology-an overview［J］. Product Engineering: Tools and methods based on virtual reality, 2008: 21-64.

2. 汤君友. 虚拟现实技术与应用［M］. 南京：东南大学出版社, 202008.289.

3. 赵沁平, 怀进鹏, 李波等. 虚拟现实研究概况［J］. 计算机研究与发展, 1996(07):493-500.

4. 赵沁平. 虚拟现实综述［J］. 中国科学（F辑：信息科学）, 2009,39(01):2-46.

5. A survey on virtual reality［J］.Science in China(Series F:Information Sciences), 2009,52(03):348-400.

6. 张凤军, 戴国忠, 彭晓兰. 虚拟现实的人机交互综述［J］. 中国科学：信息科学, 2016,46(12):1711-1736.

7. 周炎勋. 虚拟现实技术综述［J］. 计算机仿真, 1996(01):2-7.

8. 王砚瀚. 虚拟现实技术的经典应用案例［J］. 信息与电脑（理论版）, 2017,No.372(02):70-71.

9. 桑瑞娟，李亚军．源于感官的体验设计［J］．郑州轻工业学院学报（社会科学版），2005(06):38-40.

10. 张霖，王昆玉，赖李媛君等．基于建模仿真的体系工程［J］．系统仿真学报，2022,34(02):179-190

11. 张烈．虚拟体验设计的基本原则［J］．装饰，2008,No.185(09):86-88.

12. Campos M B, Tommaselli A M G, Ivánová I, et al. Data product specification proposal for architectural heritage documentation with photogrammetric techniques: A case study in Brazil［J］. Remote Sensing, 2015, 7(10): 13337-13363.

13. 张小萍，薛骏峰，王君泽等．基于 VR 的建筑物仿真与交互技术［J］．测绘科学，2011,36(05):162-164+230

14. 崔汉国，张星，刘晓成．图像和建模相结合的虚拟场景绘制技术研究[J]．系统仿真学报,2005(05):1168-1171.

15. 高源,刘越,程德文,王涌天．头盔显示器发展综述[J]．计算机辅助设计与图形学学报,2016,28(06):896-904.

16. Campos M B, Tommaselli A M G, Ivánová I, et al. Data product specification proposal for architectural heritage documentation with photogrammetric techniques: A case study in Brazil［J］. Remote Sensing, 2015, 7(10): 13337-13363.

17. Centofanti M, Brusaporci S, Lucchese V. Architectural heritage and 3D models［J］. Computational Modeling of Objects Presented in Images: Fundamentals, Methods and Applications, 2014: 31-49.

18. Sweeney S K, Newbill P, Ogle T, et al. Using augmented reality and virtual environments in historic places to scaffold historical empathy［J］. TechTrends, 2018, 62: 114-118.

19. Jung S, Jeong J. A Classification of Virtual Reality Technology: Suitability of Different VR Devices and Methods for Research in Tourism and Events［J］. Augmented Reality and Virtual Reality: Changing Realities in a Dynamic World, 2020: 323-332.

20. 孙立峰，钟力，李云浩等．虚拟实景空间的实时漫游［J］．中国图像图形学报，1999(06):63-69.

21. Hashimoto N, Ryu J, Jeong S, et al. Human-scale interaction with a multi-projector display and multimodal interfaces［C］//Advances in Multimedia Information Processing-PCM 2004: 5th Pacific Rim Conference on Multimedia, Tokyo, Japan, November 30-December 3, 2004. Proceedings, Part III 5. Springer Berlin Heidelberg, 2005: 23-30.

22. Kim W, Shin E, Xiong S. User Defined Walking-In-Place Gestures for Intuitive Locomotion in Virtual Reality ［C］//Virtual, Augmented and Mixed Reality: 13th International Conference, VAMR 2021, Held as Part of the 23rd HCI International Conference, HCII 2021, Virtual Event, July 24–29, 2021, Proceedings. Cham: Springer International Publishing, 2021: 172-182.

23. Bülthoff H H, van Veen H A H C. Vision and action in virtual environments: Modern psychophysics in spatial cognition research［M］. Springer New York, 2001.

24. Carroll M, Yildirim C. The Effect of Body-Based Haptic Feedback on Player Experience During VR Gaming ［C］//Virtual, Augmented and Mixed Reality: 13th International Conference, VAMR 2021, Held as Part of the 23rd HCI International Conference, HCII 2021, Virtual Event, July 24–29, 2021, Proceedings. Cham: Springer International Publishing, 2021: 163-171.

25. Maraj C, Hurter J, Pruitt J. Using Head-Mounted Displays for Virtual Reality: Investigating Subjective Reactions to Eye-Tracking Scenarios［C］//Virtual, Augmented and Mixed Reality: 13th International Conference, VAMR 2021, Held as Part of the 23rd HCI International Conference, HCII 2021, Virtual Event, July 24–29, 2021, Proceedings. Cham: Springer International Publishing, 2021: 381-394.

26. Ibrahim N, Mohamad Ali N, Mohd Yatim N F. Cultural learning in virtual heritage: an overview ［C］//
Visual Informatics: Sustaining Research and Innovations: Second International Visual Informatics
Conference, IVIC 2011, Selangor, Malaysia, November 9-11, 2011, Proceedings, Part II 2. Springer Berlin
Heidelberg, 2011: 273-283.

27. Rushton H, Schnabel M A. Immersive architectural legacies: the construction of meaning in virtual realities
［M］//Visual Heritage: Digital Approaches in Heritage Science. Cham: Springer International Publishing,
2022: 243-269.

28. González N A A. Development of spatial skills with virtual reality and augmented reality ［J］. International
Journal on Interactive Design and Manufacturing (IJIDeM), 2018, 12: 133-144.

29. Ariza Nunez O J, Zenner A, Steinicke F, et al. Holitouch: Conveying Holistic Touch Illusions by Combining
Pseudo-Haptics with Tactile and Proprioceptive Feedback during Virtual Interaction with 3DUIs ［J］. Frontiers
in Virtual Reality, 49.

30. Moseley R. The space between worlds: Liminality, multidimensional virtual reality and deep immersion ［C］//
Intelligent Computing: Proceedings of the 2019 Computing Conference, Volume 1. Springer International Publishing,
2019: 548-562.

31. Bülthoff H H, van Veen H A H C. Vision and action in virtual environments: Modern psychophysics in spatial
cognition research ［M］. Springer New York, 2001.

32. Berkman M I, Akan E. Presence and Immersion in Virtual Reality ［J］. 2019.

第5章
建筑遗产虚拟交互系统设计

5.1 面向建筑遗产保护及传播的虚拟空间内容构建

面向建筑遗产保护与传播的虚拟交互系统在设计中首先要明确系统的使用对象及其对系统的功能需求，从而明确虚拟交互系统的整体设计任务。建筑遗产具有历史信息类型的多样化，信息内容的复杂性及综合性，信息表现的原真性等特征，因此对建筑遗产的数字化信息进行分类处理并构建合理的信息架构，是虚拟交互系统设计的重要前提。在建筑遗产的虚拟空间中，参数化的三维模型信息构建是交互系统构成的核心内容，参数化的模型包含了建筑遗产不同类型的多样化信息，为系统功能的进一步完善和拓展提供了更多的可能性。在遵循文化遗产保护的真实性和完整性的原则基础上，建筑遗产虚拟交互系统，在内容构建过程中基于准确的建筑结构三维数字化模型，将不同属性的建筑遗产历史信息内容进行关联整合，并完成在三维空间中的信息注释。面向建筑遗产保护与传播的虚拟交互系统，为文化遗产保护领域的科研工作者提供了直观并且完整地获取研究对象信息的手段与方法，也构建了一个对文物保护进行决策和判断的虚拟空间。同时该系统也面向对文化遗产具有探究兴趣的公众，提供了一个深入了解建筑遗产历史信息的渠道，对于弘扬民族文化的保护价值，进而强化民族文化的认同感起到了积极的作用。

5.1.1 建筑遗产虚拟交互系统用户人群分析

明确虚拟空间交互系统的目标用户是进行系统功能策划和系统开发的首要任务，不同身份、不同文化背景以及不同使用目的的用户群体对历史建筑空间场所及其所蕴含的历史信息的关注和关注程度都是不一样的。针对建筑遗产的虚拟交互系统，我们可以将系统的用户人群分为以下三个类型：建筑遗产相关研究领域的学者型用户、对建筑遗产具有浓厚兴趣的非专业型用户、以休闲娱乐为目的的游客型用户。

建筑遗产相关研究领域的学者型用户这一类用户群体，根据其对于建筑遗产的研究方向又可以细分为与建筑史相关的教学类应用目的，以及面向文化遗产保护和历史遗迹考古相关的科研类应用目的。这两类用户群体对建筑遗产虚拟空间交互的功能需求有着不同的关注点。

第一类用户群体主要是建筑相关专业的师生，他们的需求主要集中在建筑史相关内容知识点的教学应用。在高校中与建筑相关的专业（如建筑学、城市规划、景观建筑及环境艺术）其课程设置中建筑历史是建筑理论课程的重要组成部分。在建筑历史课程中对历史建筑的设计方法、形制、构造、装饰艺术等的学习对提高学生的理论水平、培养学生艺术素养以及提高设计能力都具有十分重要的作用。建筑是存在于三维世界中的空间立体形态，仅从平面的照片及图纸很难体会建筑艺术的韵味与精髓。建筑史课程的课时较少而教学内容及知识点较多，很多教师对学生如何发挥主观能动性探索重视得不够，教学中的启发性与研究性不强，没能给学生提供很好的自主探求结论的材料或地方古迹资源来加强学生对建筑历史和传统文化的理解。因此建筑历史的教学中可以应用三维数字化模型来展现建筑史教学课件中典型的建筑形态，并且将这些三维数字化的建筑史教学资源构建起沉浸式的虚拟交互空间，让学生能够沉浸在虚拟空间中探索研究人类建筑艺术的璀璨精华[1]。

尤其在中国建筑史教学中对以榫卯结构为主要构件的木结构建筑的营造技艺一直是教学中的重点和难点。如斗拱的构造与结构特点，以及木结构建筑的承重原理分析，都涉及大量的三维空间结构和具体繁复的构建名。在西方建筑史的教学中同样也存在大量的空间构造教学难点，如哥特式建筑的尖肋拱顶、飞扶壁及束柱等的结构及力学原理分析。这些知识点的教学都可以在沉浸式的虚拟空间中让学生进行自主的研究和探索，从而更好地理解前人在建筑领域的创造和积累，掌握人类文明的丰硕成果。

在学者型用户人群中另一类用户群体是高校及科研单位对建筑遗产保护和历史遗迹考古相关的工作人员。他们对于建筑遗产的信息表达有着更为深入的需求，更多关注于建筑遗产历史信息的深度挖掘、建筑遗产保护方式的决策以及建筑遗产可持续利用的设计策略等问题。因此研究人员需要从建筑遗产的不同维度以及信息的不同粒度去获取历史遗产信息之间的相互关系，并且需要将多样化的信息形态尽可能地以可视化的方式呈现在建筑遗产的空间布局之中，从而能够更好地观察历史信息之间的逻辑关系，从而发现新的有价值的研究成果，抑或是形成更为精准合理的策略。建筑遗产的虚拟交互空间构建了具有多维度时空关系特征的空间场所，在虚拟空间中研究人员对信息的获取具有具身交互的特征[2]。

建筑遗产的考古工作者更需要了解历史建筑的建造施工信息，从构建的原料、建造的工具、施工的流程等多种角度探究建筑的历史信息。在建筑遗产虚拟交互系统中能够以相互关联的形式充分地展示历史建筑的三维结构、文本、影像以及图形等信息，为考古工作者提供足够的历史信息并形成新的研究手段。

5.1.2 多样化的数字信息类型

建筑空间信息的数字化记录、分类和文化解读，是虚拟交互系统内容设计的基础，也是文化遗产保护中原真性和完整性的需求所必需的。然而，建筑本身的复杂性以及多种多样的建筑勘测信息、各类图片、图纸和影像资料，以及各种文献中的观点和见解等，如果将这些多维度的信息直接置于三维空间中，往往会出现信息杂乱且难以融合的情况，从而导致信息表达不够完整[3]。

因此，为了更好地实现文化遗产保护中原真性和完整性的需求，需要根据虚拟交互系统内容信息多样化的设计原则，对数字化信息进行分类。具体而言，可以根据以下分类方法进行：

首先，可以根据信息类型进行分类。将建筑空间信息按照建筑形态、结构、装饰、历史文化等类型进行分类，以方便在虚拟空间中进行展示和交互。其次，可以根据信息来源进行分类。将建筑勘测、图片、图纸、影像资料、文献等相同来源的信息归为一类，以便更好地进行管理和利用。再次，可以根据信息级别进行分类。将核心信息和次要信息分别归为不同的类别，以便更好地突出重点信息，增强信息的表达效果。最后，可以根据信息所涉及的空间层次进行分类。将建筑的整体形态、室内空间、细节装饰等信息分别归为不同的类别，以便更好地展示建筑空间的多个层次[4]。

通过对数字化信息进行分类，可以更好地整理和管理建筑空间信息，提高虚拟交互系统内容的呈现效果和用户体验，从而更好地实现文化遗产保护中的原真性和完整性的需求。同时，需要注意的是：数字化信息的分类应当具有科学性、系统性和完备性，不仅要充分考虑数字技术的优势，还应当充分考虑建筑本身的特点和文化遗产保护的原则。只有这样，才能更好地实现数字技术在文化遗产保护中的应用。因而，需要根据虚拟交互系统内容信息多样化的设计原则，对数字化信息进行分类：

1.相关数据信息：即通过技术手段测绘建筑结构的尺寸及空间关系，包括建筑的长、宽、高、厚、柱距等相关测量数据，关于建筑构件和局部细节的一些相关文献信息，即同时期建造工艺的文献资料、三维空间尺度数据信息和结构构件数据信息等[5]。例如，空间数据和几何数据都是历史建筑的重要部分，因此描述此类数据应该采用度量信息，从而展示三维建筑模型的数据信息。

2.对建筑本体的相关描述和介绍：以建筑本体为基础，包括建造年代、建筑结构、材质和装饰细节等基础信息，以及建筑的年代变化、历朝历代的修缮过程，这一部分的信息模型可以通过虚拟修复的方式，将不同朝代的建筑模型以虚实融合的方式呈现出来。

3.历史建筑本体扩展出的信息内容：包括了与建筑相关的人文故事、社会结构、风水文化和审美观念等[6]。这一部分的信息主要以文字、图片、视音频和三维影像等方式记录和展示。尤其是早期的一些资料，例如磁带、图纸和胶片等，由于材质的耗损不易长久保存，需要对其信息进行数字化的转换。

VR 信息形态类型与建筑文化遗产信息类型的关联			
VR 信息形态	建筑文化遗产信息类型	建筑文化遗产信息内容	建筑文化遗产信息属性
虚拟现实系统具备的信息形态类型	文本信息	文字内容	建筑历史变迁、修缮记录、规模变化	①
			建筑空间布局、地域环境、地理坐标定位	②
			建筑承重受力体系、营造方式信息、材料特性及加工方法、建筑施工方法	③
			建筑职能及建筑所在地的风土人情、地域文化、思想理念、宗教活动、朝代变迁	④
		数字内容	文本内容中涉及的所有数字	①②③④
	声音信息	语音信息	文本信息可以以语音的形式出现	①②③④
		环境音效	同步建筑所在地的天气状况	②
			建立虚拟时间系统	②
			建筑周围栖息的生物叫声	②
		烘托气氛的音乐	与建筑遗产相关的宗教音乐	④
			当地的民俗音乐	④
	三维模型信息	三维模型顶点拓扑结构	建筑结构	③
			构造部件	③
		纹理贴图	建筑选材	③
			历史遗留痕迹	①
			修缮痕迹	①
		光影材质	材料特性	③④
			生产工艺	③
	空间位置信息	三维物体的空间坐标	建筑的空间定位	②
			建筑遗产规模	②
		构造物之间的相对空间关系	建筑内部布局	②
		构造物的空间地理信息	建筑外部环境	②
	动态及静态影像信息	摄像机获取的动态视频内容	建筑历史遗留影像	①④
			相关纪录片	①④

（续表）

VR 信息形态类型与建筑文化遗产信息类型的关联				
动态及静态影像信息	通过摄影获取的静态影像	建筑历史照片		①④
	通过骨骼动画形成的角色动作影像	模拟建筑的施工方式		③
		模拟工艺操作展示		③④
		模拟人们的生产生活		④
		模拟政治宗教活动		①④
	通过二维序列帧图形构建的动画	手势或其他操作演示	与建筑结构特征相关	③
			与建筑工艺相关	③
			与民俗文化相关	④
			与使用功能相关	④
		背景介绍类动画	历史朝代背景	①
			民俗文化发展	④
			美学文化修养	④
			建筑整体构造	③
			地域环境特征	②
		动态 UI 图标	建筑元素	②③
			人文元素	④
	静态图形内容	系统 UI 图标	基础功能图标	③④
			特定功能图标	③④
建筑文化遗产所包含的信息属性：①时间属性；②空间属性；③建造技术属性；④社会文化属性				

表5-1　VR信息形态类型与建筑文化遗产信息类型的关联

5.1.3 基于历史建筑信息模型的内容构建

历史建筑虚拟交互系统中的信息具有多样化的特征，虚拟交互系统的主要功能就是对多样化的信息形态进行沉浸式的可视化呈现。

建筑信息建模（BIM）在建筑遗产的保护中作为一种重要的数字化手段，在建筑遗产保护项目中多用于管理项目中生成的数字化的信息数据，建筑信息模型通过可交互的系统与建筑遗产数据库相关联，赋予了三维空间中的数字化建筑结构以更为丰富的信息内容[7]。作为一种高效的数据分析和管理工具，BIM系统能够对建筑遗产的结构与构造信息以及建筑材料等信息进行量化的分析，从而形成对遗产保护有利的参考依据。将BIM系统的多源数据类型与虚拟交互空间相结合，为遗产保护过程中的数据可视化、保护方案的原型设计以及建筑遗产可持续利用的模拟和仿真提供了新的工具和决策手段[8]。

BIM系统在建筑遗产领域中的应用为历史建筑的信息记录提供了全新的技术手段。作为一个"索引模型框架"，BIM系统提供了参数化、三维可视化以及多维度的信息承载模式。这些信息记录和表达了建筑主体建造、维护和使用过程中生命周期的变化，是遗产保护中信息管理的核心价值所在[9]。

Murphy 教授于2009年提出了历史建筑信息模型（HBIM）的概念，历史建筑信息模型（HBIM）将摄影测量的数据以及所生成的点云三维模型与历史建筑的三维构件库相映射。在这个工作流程中，首先应用摄影测量、激光三维扫描等技术获得历史建筑的密集点云信息，然后应用数字化工具将密集点云信息处理成多边形三维网格模型，同时生成建筑三维模型的高精度纹理信息。高精度纹理信息记录了历史建筑表面的材质特征和岁月侵蚀，同时也记录了历史建筑表面纹理的凹凸特征信息。在以上三围数据的记录基础上，通过 BIM系统将建筑构件的空间构造信息映射到三维多边形模型数据上，所构建的历史建筑信息模型带有建筑表面的信息数据，同时还记录了建筑的构造以及营造材料等历史信息。通过三维扫描技术所形成的多边形网格模型，还准确地记录了历史建筑的结构形态和空间尺度信息，结合BIM系统中所记录的影像信息和文本信息，构建出完整的历史建筑信息系统。

对历史上保留下来的建筑遗产信息数据文档进行类型分析，根据其空间构造的特征、建筑营造技术特征以及建筑信息时间属性采用聚类分析方法进行定义和数据结构管理。对历史信息的分类和管理将作为系统开发和后续的信息采集的基础，在后续的研究过程中，信息将得到不断地完善和迭代，在系统中得到集成化的管理，为进一步的聚类分析和数据挖掘提供可靠的依据[10]。

完善并优化通过点云数据转化而来的三维网格模型，从中提取建筑构件及布局的空间尺度信息，构建起历史建筑信息模型系统的三维空间结构。

基于 Autodesk Revit 软件将具有参数化信息属性的建筑空间与通过点云转化而来的三维网格模型进行空间映射，将三维参数化的建筑构件创建并关联其空间属性，建立起具有空间属性的建筑遗产数据库，但是数据库具有规范的数据架构能够快速地进行信息的索引[11]。

基于Unity等虚拟现实开发平台构建起沉浸式的虚拟交互空间，将通过三维扫描采集获得的三维多边形网格模型一起高精度的纹理贴图构建起高保真的建筑遗产虚拟空间。在此基础上导入Autodesk Revit中参数化的三维建筑构件，获得每一个构件的序列ID。在虚拟交互过程中通过特定的交互事件触发系统，通过特定的建筑构件序列ID获取相应的信息[12]。

每个建筑构件序列ID对应数据库中相应的信息，根据历史建筑信息模型（HBIM）所构建起的建筑信息数据库分类存储了三维模型、文本、数据、图形及动态影像等不同类型的数字化数据文档，分别对应了建筑遗产所具有的空间属性、时间属性、营造技术属性，及社会文化属性等不同类型的信息形态。

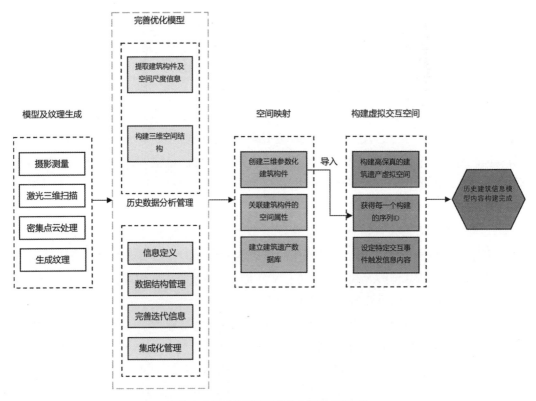

图5-1 历史建筑信息模型的内容构建流程图

　　虚拟交互系统中的信息模型所蕴含的数据是结构化的，各种不同类型的数据之间依据建筑结构的语义关系、建筑构造的营造技术、建筑历史和文化的叙事空间关系进行有机的整合与关联，形成互为链接的数据库网络[13]。历史建筑的信息模型使得虚拟交互系统能够实现数据分析、资料检索，在空间体验中考察历史建筑的构造特征等不同的系统功能。研究人员能够在虚拟的三维空间中对历史信息进行精准的分类与管理，同时也能够在近似的三维空间中实现对信息的检索与解读，在直观的建筑空间三维模型上附加数字化的图纸、表格以及拍摄的影像二维信息形态[14]。研究者能够在这样的虚拟空间中综合地获取及解读历史建筑的各种相关信息，对建筑物的结构特征、构造技术以及营造材料、地域人文等信息内容进行综合的认知、分析和研判，从而高效地得出对于历史建筑的分析结果，有助于从更为综合的视角得到关于历史建筑的研究成果。如图5-2所示为保国寺大殿外檐铺作模型，其木结构的特征、构件之间的组合方式都十分繁杂，在构建MR信息模型时，需要将各类构型名称、组合方式以及具体的相关数据等信息数字化，并且融入铺作结构中，以此形成一个储存相关信息的仓库。

（a）外檐铺作模型实物模型（笔者自摄）

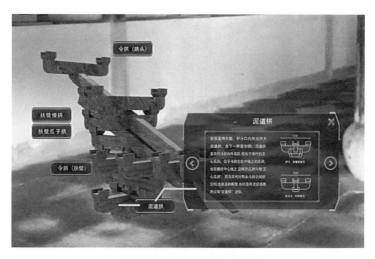

（b）外檐铺作的信息索引模型

图5-2　保国寺大殿外檐铺作信息模型

5.1.4 多维时空中的原真性虚拟空间

　　原真性是中国文物保护界一贯秉持的保护原则，也被称之为"不改变文物原状"的原则。大部分的情况下文化遗产原状的真实性会随着社会历史的变迁而产生相应的变化。现代文化遗产保护领域对原真性的理解包含了两方面的基本内容：一方面是遗产建造时的"原状"，另一方面是随着历史的变迁在建筑遗产上留下的民族文化、风俗礼仪等历史沉淀的痕迹。对于建筑文化遗产而言，原真性既包括建筑本身的构造、工艺及材料等方面原状的真实性，也包括了建筑在社会历史变迁过程中所积累的丰富的历史文化信息[15]。这些历史文化信息有些是有形的，体现在建筑表面的纹理痕迹以及题词匾额等装饰性建筑元素上，有些信息是无形地保存在诗歌戏曲等文学艺术作品中，也有一些保存在民间口头文学的传播中。原真性对于建筑遗产的保护与传播具有非常重要的意义和价值，是判断、评价和认识文化遗产价值重要的必要基础。对于一件艺术品、文物建筑或历史遗址，原真性可以被理解为哪些用来判定文化遗产意义的信息是真实的[16]。

根据文化遗产的性质及其文化环境，原真性判断会与大量的不同类型的信息源的价值联系起来。信息源的内容，包括形式与设计、材料与质地、利用与功能、传统与技术、位置与环境、精神与情感，以及其他内部因素和外部因素。对这些信息源的使用，应包括一个对被检验的文化遗产就特定的艺术、历史、社会和科学角度的详尽说明[17]。1994 年提出《关于原真性的奈良文件》使原真性标准得到有益的扩展，使世界逐步开始了解"非西方"遗产地区文化中对遗产原真性的"固有认知方式"，开始正视"原真性"观念自身的多样性。《世界遗产公约》及《实施世界遗产公约操作指南》在以欧洲建筑遗产为出发点的遗产原真性原则基础上，开始逐步接受更多样的原真性评价标准，但其作为考古遗址方面的原真性标准并未真正得以明确。具有明确定性和断代遗址的原真性，应是一定的变更演化过程中相对稳定的景观环境、人为建构筑物等地物空间逻辑关系的完整性。对这种空间格局相互关系的维系，更加符合景观考古学的研究视角，更能体现遗址内涵的复杂性与对其空间逻辑可认知性的要求，也更与遗产整体性保护的需求相吻合。对考古遗址而言，原真性与完整性是密切关联的两个基础概念[18]。

《奈良文件》定义了"信息源（Information Sources）"的概念：所有使认识文化遗产的性质、特性、含义和历史成为可能的实物型、文字型、口头型和图像型资料。这些信息的内容构成了建筑遗产价值的原真性因素，在遗产保护中并不是所有的信息源都能够构成遗产价值的原真性因素，原真性因素需要被证明这些信息内容必须是真实的（truthfully）、可信的（credibly）[19]。信息源、原真性因素和文化遗产的价值这三者之间的关系如下图所示：

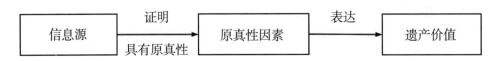

图5-3　信息源、原真性因素、遗产价值三者关系

原真性因素对于建筑文化遗产的保护和传播具有重要的意义和价值，对于建筑遗产的研究和传播提供了一种认识方法。原真性因素的构成体系也是在不断地发展和完善中的。《实施世界遗产公约操作指南》列举了如下图所示的文化遗产原真性因素：

图5-3 文化遗产原真性因素

设计(Design）

设计综合了一个时代的科技水平、文化艺术及历史人文等各种因素，因而体现了鲜明的时代特征。原真性中的设计因素体现在历史建筑的总体空间布局、建筑构造的比例尺度以及营造技术和装饰风格等方面。有些建筑遗产综合了若干个不同历史时期的设计风格，但是也按照一定的空间构成规则有机地组合在一起，具有更重要的历史价值[20]。

材料（Materials）

建筑营造过程中所使用的结构性材料和装饰性材料往往带有非常显著的地域性特点，反映了一个地区的自然条件和物产资源，同时也反映出一个时代对物料的加工方式和其中所体现出的人文内涵。对于建筑遗产的保护和修复工作，在《威尼斯宪章》中有明确的阐述："修复过程是一个高度专业化的操作，其目的是保护和揭示纪念物的美学和历史价值，它是以尊重原初的材料和原真的文件为基础的……在不得不增加额外工作的情况下，新的部分（在此包括材料）必须区别于原有的建筑成分，携带新时代的标志。"对于建筑遗产的数字化保护和传播同样应当尊重历史建筑自身的材料和质感特征，从而使得数字化的保护对象具有更为丰富的历史信息[21]。

工艺（Workmanship）

建筑遗产的营造工艺表现为历史上某一特定族群在特定的地域和生活环境中利用所掌握的制造技术和加工工艺对建筑物的营造行为。建筑营造工艺的原真性和建筑材料的原真性具有密不可分的关系，如中国传统建筑中大木作斗拱的加工工艺就和木材本身的质地和特性具有紧密的联系。建筑遗产的营造工艺的原真性真实地体现了丰富的科技和人文信息。

环境（Setting）

建筑遗产中原真性的环境因素是指与建筑遗产所在地的地形地貌、山川河流、植被作物等自然环境和人文环境。技术因素也包括建筑遗产所在地的民风民俗、历史文化氛围等非物质因素。在《巴拉宪章》中阐述：一个"遗产地"的客观位置是其文化价值的一部分。一座建筑物、一件作品或此地的其他组成部分应该保留在它的历史位置中。再定位通常是不可接受的，除非这是确保"遗产地"生存的唯一实际方法。历史建筑不能与其所诞生的地域环境分离而独立存在，这将使得其作为文化遗产的价值以及所蕴含的历史信息受到严重的破坏，对于文化遗产的保护和传播都是无法接受的现实[22]。

因而在针对建筑遗产数字化保护和传播的项目中，必须高度重视建筑遗产地区的地形地貌、植被作物等自然环境和人文环境的数字化再现。

利用与功能（use and function）

建筑遗产自建造之初就有着特定的功能，这种功能满足着人类社会生活中物质的和精神的各种不同需求。这种真实的使用功能本身就代表着文化遗产自身所具有的传承的意义和价值[23]。

精神和感受（spirit and feeling）

建筑文化遗产自身就具有鲜明的非物质属性的文化价值，其往往作为一种特定的文化符号承载着人类社会精神价值、审美价值以及政治的宗教的仪式活动。另外，文学、绘画、音乐及舞蹈等领域也与特定的建筑文化有着密不可分的渊源。这些历史文化的积淀使得建筑文化遗产更具有丰富的历史人文信息，这种精神层面的信息内容更成为建筑文化遗产原真性中重要的构成因素。

以上这些建筑遗产保护领域所提出的原真性因素的原则，对建筑遗产的数字化保护与传播同样具有重要的意义和价值。在数字化保护这一跨学科的领域，《伦敦宪章》提供了权威的指导性纲领。

《伦敦宪章》所提出的准则规范了数字遗产可视化在技术上的严谨性和信息上的透明性，所提出的一系列准则中主要包含了以下几个方面：一致性及清晰性、可靠性、材料记录可持续性和易及性[24]。

《伦敦宪章》中所述的一致性准则可以理解为：基于计算机的数字可视化方法应用于文化遗产保护的过程中，无论是在数据的获取、展示和传播过程中，所诠释的历史信息必须与文化遗产本体保持一致。应用数字技术的文化遗产保护项目中，所应用的文化遗产研究来源必须经过相关专家的认可，同时经过系统的评估，确保信息的权威性和严谨性。

　　《伦敦宪章》中所提出的清晰性，可以理解为在基于计算机的数字可视化虚拟对象中必须明确在过程中所应用的技术细节在获取原始数据的过程中，应当建立完善的文件体系和数据库。对文件内容进行尽可能详细地标识，清晰准确地记录，用于生成数字化虚拟对象的信息来源，为后续的研究提供可靠的数字资产。

　　《伦敦宪章》所提出的文化遗产保护项目中数字技术的应用准则，保证了数字化的保护和传播过程中数字化信息源的原真性，从而保证了文化遗产的数字内容所具有的历史价值[25]。

5.2　建筑遗产虚拟空间的多维时空叙事表达

5.2.1　建筑遗产虚拟交互中的空间叙事

　　历史建筑所包含的信息具有丰富的精神与情感的历史人文元素，因而在信息的表达中具有显著的时间与空间的多维度的特征。

　　《奈良宣言》中指出："保护一切形式和任何历史阶段的文化遗产是保护根植于遗产中的文化价值。我们能否理解这种价值部分地取决于表达这种价值的信息来源是否真实可信。了解这些与文化遗址的原始特征有关的信息源，并理解其中的意义是评价遗址真实性的基础。"对于文化价值的保护与传播是建筑遗产保护工作中的核心目的，遗产的文化价值更多地体现在与建筑本体相关的历史人文内涵中，表现为精神与情感的物化元素。建筑遗产中精神与情感元素的体现必然带有明显的叙事特征。

　　庞迪勇在《空间叙事学》中写道："叙事是人类与生俱来的一种基本的人性冲动，它的历史几乎与人类的历史一样古老。叙事的范围并不囿于狭隘的小说领域，它的根茎伸向了人类文化、生活的各个方面。一首童谣、一段历史、一组漫画、一部电影，实际上都在叙写某个事件；一段对话、一段独白、一个手势、一个眼神，实际上都在讲述某些东西……在所有文化、所有社会、所有国家和人类历史的所有时期，都存在着不同形态的叙事作品。叙事在时间上具有久远性，在空间上具有广延性，它与抒情、说理一样，是推动人类进行文化创造的基本动力，并与抒情、说理一起，成为人之所以为人的根本性标志。"对于叙事与空间的关系，书中是这样阐述的："人们之所以要'叙事'，是因为想把某些发生在特定空间中的事件在'记忆'中保存下来，以抗拒遗忘并赋予存在以意义，这就必须通过'叙述'活动赋予事件以一定的秩序和形式。"

　　叙事可以理解为是以一组序列化的信息形态来表达某一特定事件的发生发展过程，叙事是人类传递信息以及认知事物的重要方式。叙事的概念最早存在于文学故事的创作与传播过程，对于叙事概念的通俗理解就是讲故事。叙事的概念随着人类对于信息的记录与传播手段的不断丰富而不断地扩展。在当今时代中叙事的题材已经不限于文学作品。在文艺理论的研究中，音乐、绘画、舞蹈、影视作品以及建筑艺术都具有叙事的意义与功能。叙事的语言载体已经远不限于文本和符号，图形、图像、视频、动画、建筑空间、色彩光影以及音乐的节奏与旋律都构成了叙事的信息载体[26]。

在建筑遗产的虚拟交互空间中对建筑遗产的文化价值能够以更为丰富的表现形式进行充分的表达。虚拟交互空间中突破了现实世界中对于时间与空间的局限，在时间与空间的维度表现上有着充分的自由创作的可能性，因而对建筑遗产中精神与情感的历史人文因素的表达能够充分地予以展现。

无论以何种方式进行信息的表达，叙事所要展现的是序列化的事件发生过程，因而在叙事的表现因素中时间因素是一个不可或缺的基础。当然，对于某些哲学家来说（如康德），时间与空间一起，构成了人类感觉万事万物的先验框架，时间和空间都是一种先验的"感性形式"。但对于普通人来说，只能通过事物的运动和变化才能感觉和度量时间。时间与空间是无法分割的两个概念，人类对于时间的认知是基于空间中的环境因素变化而感知的。如日出和日落、季节的更替、光影的变化、植物的生长、江河的奔流以及行走奔跑等行为和动作，所有这些自然界的和人类自身的动态过程构成了人类对于时间感知的参照对象。古罗马哲学家奥古斯丁在其所著的《忏悔录》中写道："我知道如果没有过去的事物，则没有过去的时间；没有来到的事物，也没有将来的时间，并且如果什么也不存在，则也没有现在的时间。"

摄影是人类记录影像的典型手段，在拍摄的照片中是把某一特定时间节点的空间形态凝固在画面中，在影像所记录的空间形态中时间被固化了。在绘画、雕塑、建筑以及电影等视觉艺术中都存在空间形态来塑造时间的手法，这些视觉艺术作品都可以理解为是时间与空间的统一体。正是给空间形态赋予了时间的属性，才使得视觉艺术作品具有了精神的内涵与价值[27]。

建筑遗产具有丰富的历史人文信息，在记录和传播过程中必然要应用叙事的手法对历史上曾经发生过的相关的事物进行诠释和解读。这些在建筑空间中所演绎的历史事件进程表现为是在建筑主体中的时间与空间的统一体。在虚拟交互空间中空间形态的塑造完全由数字化的三维模型所表现，其本身在视觉元素的呈现上以及动态过程的控制上具有极强的可塑性，因而由虚拟交互空间所表达的时间元素同样也具有极强的可塑性。

在建筑遗产的虚拟交互空间中，如同在真实的物理空间中一样，用户对于时间的感知，同样也是参照虚拟空间中的视觉及听觉等感知因素而获得的。在虚拟交互系统中能够通过改变建筑构件的形态以及色彩、纹理、光照与影调来表现历史建筑在时间序列中所发生的变化，同时还能够通过对周围环境的动态模拟进一步加强用户对于时间变化过程的认知。如对天空云层的运动模拟，对植被形态的变化模拟以及水流、空气流动等因素在环境造型元素中的动态影响，都能够给虚拟交互系统的用户以强烈的时间体验。

由于虚拟现实系统的沉浸式体验特征隔绝了用户与真实空间的视觉与听觉感受，而完全由虚拟空间的视觉信息与声音信息所取代，因而用户能够充分地获得虚拟空间中对于空间与时间的认知体验。在沉浸式的虚拟空间中时间与空间的叙事手段能够给用户传递丰富的建筑空间与历史人文的信息[28]。

在影视作品的创作中，时间的空间化使得一维性的时间变得丰富和生动起来；空间的时间化则使得复杂的空间建构拥有了较为清晰的叙事逻辑，从而使剧情的演绎更容易被观众接受。在建筑遗产的虚拟交互空间中，时间与空间的维度同样相辅相成、相互依存，不可或缺。虚拟交互系统中空间的复杂性使得抽象的时间概念具有了具象的可视化特征，时间维度上抽象的信息内容也在空间中被赋予了具体的内涵。复杂交错的建筑空间与构造在时间序列的展开中表现出清晰的叙事逻辑，为建筑遗产精神与文化价值的体现提供了可靠的基础。

5.2.2 虚拟交互中的多维时空

时间和人在空间中的运动路径是现代建筑理论中对建筑感知的两个重要因素，人对建筑的认知不是静态的，而是动态的过程。因此用户在虚拟空间中对建筑遗产的感性认知和信息的获取是在时间和空间中不同维度的变化和运动中发生的[29]。

虚拟空间交互系统具有多维度的运动特征。虚拟现实系统通过对用户身体所佩戴的设备进行连续的位置跟踪，获取用户在虚拟空间中的相对坐标位置以及身体朝向的角度信息，从而精确地构建出相对于建筑主体的第一人称视角[30]。用户通过自然的行走及瞬移等交互行为在虚拟空间中形成动态的观察视角，以此完成对建筑遗产的感性认知过程。与此同时用户还可以通过手柄以及手部动作追踪等自然交互方式，通过不同的交互逻辑获取与建筑遗产相关的拓展信息。用户在虚拟空间中的以上行为均具有时间维度和三维空间的运动特征。

建筑遗产的虚拟交互系统具有时间维度的叙事特征。在虚拟交互空间中建筑遗产相关信息的组织和架构依据了特定的逻辑，用户在虚拟空间的交互行为中延用了在物理空间中的认知习惯[31]。在虚拟空间中将建筑遗产的历史信息以时间维度进行叙事表达，将极大地丰富虚拟交互系统的信息承载模式[32]。

在时间维度上表达建筑遗产的叙事文本以及信息的逻辑关系，使得建筑遗产虚拟交互系统具有时间维度和空间维度的多维时空交互特征。在虚拟交互系统的多维时空中，能够将文化遗产所蕴含的历史人文线索在虚拟空间中呈现并表达出来。这一类历史人文线所包含的信息可以是：

①历史文献所记录的建筑营造及修缮维护过程；

②发生在建筑本体所构成场所中的历史事件；

③与该建筑场所密切相关的历史人物及其生平事迹；

④与该建筑场所的功能相关的民俗及生活情境；

⑤宫殿建筑中的重要仪式及生活情境；

⑥工业类建筑场所中的加工生产过程；

⑦宗教建筑空间中的宗教仪式过程；

⑧私塾、书院等教育类空间场所中的教学情境；

⑨官式建筑中的各种仪式及使用情境；

⑩军事建筑中的战斗过程情境。

在沉浸式的虚拟空间中，通过时间维度与空间维度相结合的空间叙事表达能够将建筑遗产的历史人文信息活态化地呈现在眼前，对建筑遗产精神内涵的传播能够起到积极的作用[33]。

针对虚拟交互系统中的叙事内容和信息架构的整体设计，系统中多维时空的信息表达可以应用线性时间构成逻辑、空间与时间并置构成逻辑、时空元素解构的构成逻辑这三种模式。

线性时间构成逻辑适合应用于时代变化特征较为清晰的建筑遗产类型，这类保护对象随着年代的变迁，建筑遗产的构造以及场所中的历史人文情境有着持续的并且清晰稳定的发展趋势[34]。

比如科隆大教堂的建造过程可划分为教堂前身（313—1248）、第一阶段建设（1248—1823）、第二阶段建设（1823—1880）、第三阶段建设（1906—至今）[35]。

科隆大教堂的建造历史最早可追溯至公元313年，圣马特努斯是能追溯到的第一位科隆主教，很大概率就是在他担任主教的这段时期内，在此地的大教堂区域已伫立着罗马城市的主教教堂。它的特点是发展于住宅区中，也许在此的第一座教堂就位于罗马市民的私人住宅内。

科隆大教堂第一阶段建设

1248年8月15日，大主教康拉德·冯·霍施塔登为如今的哥特式科隆大教堂举行了奠基仪式。新大教堂的建筑风格与当时最现代的法国建筑密切相关，特别是与亚眠大教堂及巴黎的圣礼拜堂。新科隆大教堂的设计与建设超过早期的法国大教堂的规模，因此已接近当时技术上可到达的极限。

大约1320年前后，内部的大歌坛终于建造完成，并于1322年被神圣化。在13世纪末14世纪初，在洛林和巴黎接受学习培训了的工作坊为大教堂制作了基督、玛丽亚和十二使徒的唱诗堂立柱雕像，以及用黑石灰石制作而成的主祭坛，许多富有想象力的雕刻和唱诗堂屏风绘画。

由南部尖塔上部地基区域发现的一枚硬币可证明在1360年左右，大教堂的地基的建造已基本完成，不久之后塔楼的地板铺设工作开始进行。

1448年至1449年，科隆大教堂的两个最大的钟在现场铸造，它们在被铸造完成不久后，便被挂在了大教堂的一楼。这时南塔大约已到达56.14米的高度。

第二阶段建设

1823年，科隆大教堂的建筑设计师们重新发现了中世纪艺术的美，在大教堂施工主管弗里德里希·阿道夫·阿勒特的领导下，科隆大教堂新建了一座施工棚屋。在阿勒特及其继任者恩斯特·弗里德里希·兹维纳德指导下，大教堂施工棚屋一直到1842年都在致力于对现有大教堂进行全面修复。特别是对唱诗堂屋顶、东侧耳堂、大部分支柱以及大教堂唱诗堂的翻新和修复。

在中殿大堂和耳堂完工以后，大教堂的塔楼终于在19世纪60年代左右完工。科隆大教堂使用了当时最先进的建造技术，比如在工地里使用蒸汽机，又或者是用到了一般在铁路轨道上才使用的轿车车厢。当科隆大教堂终于在1880年竣工时，它成为当时世界上最高的建筑，两座塔楼的高度超过了157米。

第三阶段建设

虽然科隆大教堂于1880年正式竣工了，但并没有结束所有的建设工作。除了要拆除脚手架以外，一些配套的设备的安装工作陆陆续续花了20年的时间才完成。在建筑大师理查德·弗格特于1902年宣布科隆大教堂的建设最终完成，但仅过了4年后，1906年，大教堂的主门上方一个天使雕像的翅膀意外坠落。随后大教堂又开始了修复工作，但这一修复工作一直持续到了20世纪30年代末，人们几乎对教堂所有的飞扶壁进行了翻新。

由于在第二次世界大战期间，科隆大教堂遭受过多次爆炸物袭击和炮击，大教堂的中殿和耳堂大部分拱顶已经坍塌，教堂的风琴和窗户也遭到破坏。幸运的是部分中世纪的窗户和教堂的展品被及时拆下保存了起来，因此大教堂中世纪的艺术品没有遭受重大损失。

1948年，科隆大教堂奠基700周年之际，大教堂的唱诗堂和耳堂终于在人们的努力下得到了修复，同时在1956年的天主教日，人们成功修复了大教堂的中殿。

空间与时间并置的构成逻辑适合应用于在不同的特定历史时期发生过重大历史事件的建筑遗产类型，这一类建筑遗产往往在建筑主体的布局以及结构上都发生过较为突出的变化，同时伴随着战争或者是社会的文化主体出现过较为明显的变迁。这种类型的建筑遗产比较典型的是伊斯坦布尔的圣索菲亚大教堂[36]。

在欧亚大陆交汇处有一座名为伊斯坦布尔的国际大都市，在过去它也叫君士坦丁堡。得天独厚的地理位置决定它成为土耳其经济、文化、交通中心以及兵家必争之地，位于此处的圣索菲亚大教堂亦是饱经风霜。地震、火灾等自然因素使它几经修护重建，风、雨、光照等因素的存在亦给它带来潜移默化的影响。政治暴动、统治者的政治行为以及宗教冲突与战争等人为因素则使它从东正教中心转变为伊斯兰教的一个中心。

在建造第三代圣索菲亚大教堂前，该位置也曾建立过两代教堂，但皆因暴乱被毁，仅留下数块浮雕残骸，浮雕内容有十二羔羊、十二使徒等基督教图像。第二代教堂被毁后仅过39天东罗马帝国皇帝查士丁尼一世便下令兴建第三代大教堂，也就是我们现如今所看到的圣索菲亚大教堂。

第三代圣索菲亚大教堂的建造工程有超过1万名工匠参与，所用的各色石材大多源自远方各地的采石场，建筑相较前两座更加宏伟壮观，且具有一定创新性，成为拜占庭建筑的代表性杰作之一。西方建筑理论以数理逻辑为哲学依据，皇帝所选的建筑设计师亦是当时知名数学家、物理学家，他们在希腊数学家希罗数学模型的基础上给圣索菲亚大教堂构造了一个漂亮的穹顶。圣索菲亚大教堂巨大的矩形空间可以容纳大量信徒，精美华丽的半圆穹顶更让祈祷者体会到了信仰的圣洁和威严，也使他们对未知世界充满了无限的遐想与向往。硬石虽然缺乏延展性与透气性，但建筑因此而厚重壮观、不易着火。希腊的科林斯石柱，罗马的砂浆混凝土技术，以及拜占庭的砖石结构，共同组建成了这座伟大的建筑。

刚竣工时的圣索菲亚大教堂是东罗马教会牧首巴西利卡形式的大教堂，也是当时最大的基督教教堂，但之后的两次地震使主圆顶彻底坍塌，巴西尔二世委托伊西多尔的侄甥再次修建圆顶，这次的圆顶更高更牢固，并留存至今。

经过之后千余年自然因素和人为因素的影响，这座大教堂继续不断地被破坏、修复。726年，拜占庭皇帝利奥三世在毁坏圣像运动中颁布了抵制偶像崇拜的相关诏令，所有宗教画像、雕像均被移除，虽然中途伊琳娜女王执政期间曾短暂恢复圣像崇拜，但之后继位的皇帝受伊斯兰艺术的影响再次禁止崇拜。

苏丹穆罕默德二世于1453年占领君士坦丁堡，奥斯曼土耳其人在教堂外建伊斯兰教宣礼塔四座，改历史悠久的基督教教堂为伊斯兰教"艾亚索菲亚清真寺"，并且墙面上的镶嵌画被《古兰经》代替了。1922年方允许美国拜占庭学院对被石膏覆盖的镶嵌画进行复原工作。至此500年后，待土耳其共和国建立，它才被改为博物馆。然而从2020年起，土耳其博物馆因为土耳其总统的政治运作再次变为清真寺。

历史的江河奔腾不息，凝视着这座古老的建筑，便可以看到大国兴衰史与中世纪史，它经受了时间的考验，见证了宗教背后的政治冲突。

在建筑遗产的保护和传播过程中，某些类型的建筑主体其构造信息，以及历史人文信息在历史发展过程中由于某种特殊的原因出现了与一般规律具有较大差异的空间结构特征、艺术审美特征或者是人文特征。对于这种建筑遗产中具有差异性的信息类型，在表现和诠释的过程中需要应用时空元素解构的构成逻辑，对其差异性特征的构成要素以及形成原因进行重点的剖析。如广东省开平地区的碉楼建筑样式就与传统的民居建筑及中国传统建筑风格具有较大的差异。

开平碉楼是广东省开平市一类特殊历史建筑，融合了传统中式乡土建筑结构与古希腊、古罗马、伊斯兰、文艺复兴、巴洛克等西方建筑装饰风格，例如以罗马立柱托承中式攒尖屋顶，呈现出一种突兀而奇异的拼接效果。它见证了中国从传统社会向现代社会的过渡，记录着多元化的时代背景下民族建筑的特殊发展方向[37]。

这类碉楼始建于清初，大量兴建在20世纪二三十年代。解构这一建筑发展的时空因素，大抵可以从以下两个角度进行详述。

其一，从空间地理因素来看，开平地势低洼，当时治理不当导致的洪涝时常吞没村庄，又位于四县交汇之地，官府的"四不管"行为导致匪盗横生。清代初期，乡民开始修建多层塔楼，作防洪抗匪之用。塔楼拥有高且厚、分布射击孔的墙壁和窄小的窗门，能够居高临下地抵御盗贼和水患——这便是早期"碉楼"的雏形。同样的，开平地区临海的地理位置和恶劣的自然、人文社会环境，亦促生了当地移民风俗的萌芽，为开平成为日后的五邑侨乡埋下了伏笔。

其二，从时间角度剖析其形态演变。作为中国华侨文化世界遗产项目，开平碉楼之所以拥有与传统中式建筑迥异的装饰风格，与该地区近代移民、东西文化交融的历史同样密不可分。明清时期，由于频繁发生的水患与人乱，开平地区的农耕人口大量移民至东南亚，奠定了这一地区人民的早期迁徙风俗；鸦片战争至抗日战争期间，由于清末社会动荡和北美淘金热的爆发，大批华人前往北美淘金、修筑铁路谋生。

19世纪70年代，美国开始出现排华潮，与清政府合约法案的陆续落定迫使大量在美华工返乡。积累了一定财富的移民者举家回国，开平碉楼的建筑风格也迎来了关键的转折节点。这一时期的大洋彼岸，复古审美的"装饰艺术运动"正轰轰烈烈，历史主义与折中主义竞相登上建筑设计的舞台，在移民者的脑海里留下了深刻的印象。当他们带着在异国积累的财富，辗转踏上归乡的旅途，也将西方时兴的建筑艺术带回了故乡。归国后，一些华侨商人开始为家乡兴修碉楼。他们聘请外国建筑设计师，设计西式风格的装饰和建筑，从一片屋顶、几根立柱，直到后期整个碉楼的上半部分及墙面，以此彰显自己的雄厚财力，同时怀念大洋彼岸纸醉金迷的社会。

20世纪30年代是华侨归乡的高峰期，也是开辟碉楼建设发展的中后期，开平碉楼后期风格的代表建筑"瑞石楼"正是在这一时期完工的。这座9层碉楼采用钢筋混凝土结构建筑，在当时的中国内陆地区十分罕见。整体风格吸纳了罗马风格建筑和伊斯兰建筑要素，将碉楼四方的角堡替换为圆柱形状，佐以大量拱券结构与穹隆顶，呈现出了类似西式城堡的建筑效果。

这一时期修建的开平碉楼，在外观上已经逐渐脱离了中式乡土建筑的框架，转为西方建筑艺术的综合体，也背离了它的建筑初衷。早期的碉楼是为了躲避洪涝灾害，防止土匪侵扰，保护家族的生命与财产；到了末期，已经建成非常繁复的样式，变成炫耀财富的纪念碑。开平碉楼的这种转变，也体现着建筑普遍的发展规律：当一类建筑的建造意义从实用性转变为象征性，也就迎来了其发展盛极转衰的尾声，逐渐沦为历史的遗产。

5.2.2 虚拟交互空间中基于时间序列的空间叙事

建筑遗产的信息既具有空间属性又具有时间属性，其中任何一个信息的表达必然涉及具体的空间结构，同时相当一部分信息的表达也需要时间维度上的要素。在以往的建筑文化遗产可视化研究领域中，学者们往往更多地关注空间信息的表现，而疏于对时间信息的相关要素足够的重视。出于建筑遗产保护中对于历史人文价值的重视，以及对于建筑遗产数字化保护措施的进一步深入研究，遗产信息的时间维度要素的重要性凸显出来。

在数字化的虚拟空间中时间维度与空间维度自然地结合在一起，抽象的时间要素通过可视化的空间要素完整清晰地表现出来。在现实世界中，人们对于时间的认知是具有一定的模糊性的，在没有时钟、日晷、沙漏、燃香等辅助工具的帮助下，人们很难精确地对时间单位进行把握。时间要素是无形的，也是抽象的，对于时间要素的表达必然诉诸人类的视觉和听觉感官。时间表现于现实物质世界的变化中，表现于视觉元素的运动及静止的变化，以及声音元素强弱及音调的变化与持续。在数字化的虚拟空间中，人类延续了现实物质空间中的认知经验，时间要素的表现同样也是通过视觉感官及听觉感官表达出来的。在数字化虚拟空间中与现实物质世界不同之处在于：创作者能够以主观意愿更加自由地控制三维空间中视觉要素的变化与运动，也能够自如地控制声音的强弱及延续，从而自由地塑造时间要素的存在。通过对视觉要素及听觉要素变化及运动速度的控制，能够改变人们在数字化虚拟空间中对于时间认知的感受，在虚拟空间中时间能够被压缩及延展，人们对于世界的认知也能够从时间维度的一个点跳跃到另一个点，时间维度的变化能够正向地发展，也能够逆向地回到过去的时间点上。

在FromSoftware开发的VR游戏《Deracine》中，游戏的背景是在一座荒凉古老的孤儿院中，玩家所扮演的精灵能够控制时间的变化。随着故事情节的发展，精灵能够控制时间，穿越到过去或者未来。故事发生的主要场景是在孤儿院的空间场所中，这个虚拟空间表现形式是游戏玩家对于时间维度要素形成感知的主要依据。游戏玩家在情节发展的不同节点上会出现在该空间的特定时间节点，在不同的时间节点上场景会呈现有特征性的视觉要素，从而表现出与情节相对应的物理空间特征以及环境的气氛属性。在这个案例中，虚拟环境的空间特征充分地影响了体验者对于时间维度的感知。

在虚拟交互系统的多维时空中，用户具有通过交互行为对虚拟空间的形态以及自身的空间位置等进行实时交互控制的能力，从而实现时空节点的转换、压缩和延伸。虚拟交互系统的多维时空实时交互对于文化遗产的社会历史信息、文化艺术信息、民俗文化信息、建筑自身的布局、构造及结构信息的表达都具有重要的意义。

建筑遗产自其诞生的一刻起就经受着自然的侵蚀与风化，同时在建筑场景中，人类的生活与生产以及人类社会的种种历史事件都在建筑主体上刻画着时间的痕迹。虚拟交互系统所具有的三维空间塑造能力，在时间序列中的空间叙事可以分为两种主要的信息内容：其一是建筑空间主体以及建筑构件的变化因素，其二是发生在建筑空间中的人类活动及历史事件。这两种因素都构成了历史建筑场景中空间叙事的主要内容。

在历史建筑的发展过程中，时间序列可以分为过去、现在和未来三个主要的维度。虚拟交互系统中所表现的是历史建筑及其空间场景在某一个时间维度中的具体的时间节点，在这一特定的时间节点中历史建筑的形态与构造、纹理与材质、色彩与光影表现出与之相对应的特征。同时在建筑空间的场景中演绎着人类社会的生产与生活以及历史事件的情境，这些人类社会的活动内容通过虚拟交互系统中三维虚拟角色的活动得到生动的展现，从而将建筑遗产的历史人文信息具体丰富的感官体验呈现在用户的眼前。例如在帝王宫殿的虚拟交互场景中所演绎的帝王登基的盛大仪式，江南古镇的虚拟交互场景中所演绎的蓝印花布的织染工艺与过程。这些情境化的历史场景，表现出建筑遗产在时间维度中的变化过程，也表现出空间被赋予时间维度后所具有的精神与情感价值。

由虚拟的建筑空间及虚拟角色所构成的情境化的时空演绎，需要准确地表现出建筑形态与构造在特定时间节点上的准确特征，同时也要再现出虚拟的人类角色及建筑构件以外的生产生活物资元素，在服饰和造型以及纹理上的历史特征，这些元素的细节表现对于空间叙事的社会历史信息表达起到了至关重要的作用。在历史建筑的空间场景中，虚拟角色的活动构成了历史事件的演绎，也构成了空间叙事的重要组成部分。在系统的开发中需要对角色的服饰装扮、动作语言以及在场景中的行动轨迹都作出预先的剧本设计，这些都需要对历史文献的记载进行详细地剖析，分析出历史事件的情节脉络、人物造型和叙事桥段，将文本内容转化成虚拟交互空间中的三维造型，并赋予角色动作和交互反馈。虚拟交互系统的用户甚至能够参与到虚拟角色的事件发展过程中，亲历体验在建筑空间场景中所发生的历史事件或民俗风情。

时间序列中的建筑空间叙事表达除了空间中虚拟视觉元素的动态过程演绎之外，还应当包括文本信息图形信息，以及对重点的建筑构建进行三维结构的交互解析等叙事内容的表达。这些信息的内容以可交互的三维界面形态呈现在虚拟交互空间中，与场景中的情境化叙事内容有机地结合在一起，具有两方面的作用：场景中的三维界面，一方面对场景中的情境化演绎做出信息的补充和延伸，对于空间中实体三维元素无法表达的信息内容做出文本化及概念化的呈现；另一方面，三维虚拟空间中的图形界面将配合语音信息对用户在虚拟空间中的交互行为做出具体的引导。在情境化的交互空间中，三维的建筑模型构建出完整的建筑遗产的空间布局，场景内容精确而又完整，用户完全置身于一个去中心化的虚拟世界中，参与交互的个体很容易在这个沉浸式的三维空间中迷失自己的目标和方向。符号化的图形界面和系统的语音提示，能够引导用户在海量的信息中获取当前场景中核心的信息内容。

5.2.3 基于空间维度的建筑遗产历史信息表达

前文中主要表述的是基于时间维度的空间叙事策略，在下文中我们将关注在虚拟交互空间中基于空间维度的建筑遗产历史信息表达的策略。在虚拟交互空间中，其沉浸性的特征给用户带来极强的身临其境的感受以及高保真的建筑空间视觉体验，在这样的环境中讨论空间维度的历史信息表达，在原理上必须讨论与镜头语言相关的叙事语法。虚拟交互空间中的视觉画面是通过用户的第一人称视角虚拟相机渲染出来的，画面内容的表达机制与影视作品中的镜头语言具有较多的共性，同时也存在本质上的差异。虚拟现实中的叙事语法具有自身的表现规律，但是对比和参照影视作品的镜头语言叙事法则能够更好地理解、分析和探索在虚拟现实这样一种全新的数字化表现手段中进行叙事内容表达的创作规律。128年前卢米尔兄弟发明了电影这种跨世纪的艺术形式以来，电影工业得到了全方位的、长足的发展，形成了一套完善的艺术表现理论体系。尤其在镜头语言的叙事表现上，格里菲斯、爱森斯坦等一大批电影艺术家无论在理论上还是从创作实践上，都完善了电影的镜头叙事创作规律和创作方法。在虚拟交互空间中，用户具有完全自由的主观视角，画面构图以及蒙太奇剪辑等电影领域的创作理念已经被消融和弱化，如何通过虚拟摄像机的镜头传递历史建筑场景中的叙事信息，使观众能够完整流畅地获取系统所要表达的信息传递意图，这需要虚拟交互系统的开发者从设计层面和镜头语言的创作方面进行大量的思考和探索。

在现代影视作品中，镜头语言中的每一个画面细节都经过导演和工作人员的设计创作，画面的构图经过精心的安排；在每一个镜头中无论从画面内容到镜头的运镜方式都经过反复的推敲，最终经过多种的剪辑手法和后期处理合成为影片的成品，电影的观众和影片创作的导演在镜头语言和叙事手法的范式上，经过多年的发展已经形成了认知和审美的共识。

在虚拟交互空间中镜头所要呈现的画面内容、画面的影调以及情绪气氛与影视作品中所要表达的内容是一致的。这两者之间所存在的差异主要表现为：虚拟交互空间的画面和信息内容是由用户主动地获取的，导演的权力被削弱，图像的边界被消解，观众可以自主控制视角，自由走动，甚至通过交互来触发剧情。观影不再是单向的线性体验，而变成一种主动的探索过程。这一变革突破了传统的电影形态，向电影艺术理论发起了前所未有的挑战。

在影视作品中，镜头的取景和景别可以分为远景、全景、中景、近景及特写等类型，影片的创作者通过镜头的场景调度以及镜头内容的剪辑合成等手法达成叙事内容的表现及渲染情节气氛等目的。影片的观众被动地接受导演的创作意图，观众得到的是一种线性的空间叙事体验，因而影视作品具有较为明确的叙事逻辑和清晰的信息表达内容。

在虚拟交互系统中，用户的主观意识和行为方式决定了镜头的景别、场景的调度以及画面内容的时间序列。在虚拟交互空间中，沉浸式的视觉体验已经消融了镜头画面构图的概念，也弱化了画面内容的边界，取景的过程完全由用户自身的行为动作所决定。在六自由度的虚拟交互空间中，我们能够将用户主观视角的虚拟相机所拍摄的镜头画面区分为固定机位、路径运动机位和自由运动机位三种类型。

虚拟摄像机主观视角的固定机位是指在沉浸式的虚拟场景中，用户所观察到的虚拟相机镜头画面位于一个相对固定的空间坐标上，虚拟相机能够在x、y、z三个坐标轴上旋转，用户能够通过头部的旋转实时观看四周的建筑空间及虚拟角色在空间中的事件演绎。例如在四合院的建筑空间中，虚拟相机的主观视角固定在院落中保持相对位置的静止，所观看的画面包括四合院的建筑立面、院落中植物及丰富的生活场景，身着传统服饰的虚拟角色在院落中生活起居并交谈，表现出特定历史时期的民俗民风。虚拟相机的主观镜头固定机位具有极强的临场感，同时又避免了相机运动而产生的眩晕感，具有较好的观看体验。需要注意的是：固定机位视角的画面内容较为单一，场景的容量有限，在叙事的情节上以及表现的信息内容上存在局限性。打破固定视角画面内容局限性的方法有两个，一是增加场景的叙事内容丰富场景的细节，一是增加虚拟相机主观镜头固定视角的机位，在交互过程中用户能够通过交互操作选择相应的机位不同的视角对场景进行观察。虚拟交互系统中用户对于固定视角机位的选择又有两种方式：第一种方式是系统在特定的场景空间中预设了若干个机位，用户能够通过交互界面选择预设的机位进行观察；第二种方式是用户在交互过程中应用HMD设备的交互手柄等硬件工具，实时在场景中定位下一个观察点，实现在场景中的瞬移。使用交互手柄的瞬移进行固定机位的定位，用户具有较大的自由度，但所选择的机位不一定能够获得最佳的观看视角。比较理想的交互体验可以是预设的机位和用户自主瞬移的机位两种方式相结合，给用户比较全面的观察视角。

虚拟相机主观视角的路径运动机位，是指在系统开发中将用户主观视角的虚拟相机设置为沿着固定的路径进行位移的镜头运动方式。在这种方式中，虚拟相机的位置坐标沿路径位移，而虚拟相机的旋转坐标仍由用户佩戴的设备上所具备的陀螺仪传感器所控制，因此用户的主观视角在移动过程中还是能够随着用户的头部运动产生上下和四周的环绕运动，从而在移动的过程中自主地观看周围的建筑场景。在建筑遗产的场景中，镜头运动通常为缓慢匀速的路径运动方式，同样能够有效地避免用户产生眩晕的交互体验。沿路径运动的机位在叙事的形式上类似影视中的长镜头，能够较为完整地交代系统所预期传递的建筑空间信息内容，也能够让用户以最快的方式了解建筑空间的核心内容。路径运动的机位，其运动路线可以是模拟交互主体在虚拟空间中行走的轨迹，也可以在较大的场景空间中模拟车辆船舶等交通工具行驶的轨迹，还可以模拟飞行器在空中飞行的运动轨迹，从而能够从更多的视角对数字化的建筑遗产进行全面的观察。例如在故宫的虚拟场景中，虚拟相机的主观视角沿着故宫的中轴线由南向北平缓地移动，运动路径匀速地经过端门、午门及太和殿等重要的建筑空间，同时还可以设置一条由南向北的空中运动路径。用户在系统中通过主观镜头视角，能够从容地观看故宫中各主要建筑空间场景中建筑形态的造型，感受宫殿建筑所具有的宏伟气势。用户能够在系统中从地面和空中进行运动路径的切换，从而对较为广阔的建筑场景得到局部和宏观的空间认知。

虚拟相机主观镜头的自由机位，是指场景中设置有HMD设备的位置追踪传感器，用户可以通过自身的动作在场景中自由地移动自身的观察位置，同时也能够通过陀螺仪传感器自主地环绕观察周围的建筑空间场景。这是一种最为自由的场景观察模式，用户可以在场景中自由地行走，也可以通过手柄等交互工具控制第一人称相机在场景中的前后左右位移。第一人称相机在场景中的移动方式，通常是平行于地面的前后左右移动，也包括在移动过程中方向角度的旋转。有些场景中加入了第一人称相机在垂直高度方向的移动控制，能够实现由上而下的俯视视角，得到对建筑场景全面的空间认知。第一人称视角的自由机位是一种六自由度的交互体验，实现了完全自主控制的推拉摇移等镜头画面的视觉体验，能够让用户在虚拟的建筑场景中根据自身的兴趣偏好探索建筑遗产的相关信息，自主地感受历史建筑空间的审美体验。例如在著名的江南园林寄畅园的三维数字化虚拟空间交互系统中，用户以第一人称视角在园林中自由地穿行，从入口的凤谷行窝、含贞斋到园林内部的七星桥、知鱼槛、凌虚阁等主要的园林景观，交互主体能够在系统中通过自主的位移和自由的观察视角，体会移步换景的江南园林造园艺术。通过六自由度的交互控制，用户在虚拟系统中能够体验到在真实的园林建筑中同样的视觉体验感受，在园林的行走和移动中从不同的视角感受园林景观和园林建筑的造型特征，在园林的虚拟游历中借助系统的透视角度生成，用户能够真切地体验寄畅园对惠山山麓借景的造园手法；穿行在浑然天成的八音涧景观中，用户能够真切地体验寄畅园叠山理水的园林技巧。

5.3 建筑遗产虚拟空间的交互体验设计

虚拟现实系统在硬件和软件的构成上使其在交互模式上具备了更为自然的交互方式，与传统的桌面级的交互系统以及基于投影屏幕的交互系统具有一定的差异，虚拟现实系统的交互方式更为贴合人类对环境的认知规律以及对于信息对象自然的操作行为。另外，结合虚拟交互空间具有多维时空的信息表达特征，使得虚拟交互系统在交互逻辑上与传统的交互系统表现出不同的范式特征。虚拟交互系统中所具有的沉浸性的认知体验以及多感知的信息获取特征，将人在现实世界的行为模式延伸到历史建筑的虚拟场景中，从而实现了融入式的建筑遗产研究模式，以及历史文化信息的空间交互体验。以下将从人性化的信息认知过程引导、拟空间中自然交互模式的应用、准确及时的交互反馈、虚拟交互工具的视觉隐喻等方面论述建筑遗产虚拟空间交互体验的设计原则。

5.3.1 精准的交互空间感知

在虚拟交互系统的设计中，认知体验的沉浸性以及交互模式的自然特征都离不开系统的虚拟空间感知能力。建筑遗产虚拟交互系统的空间感知精准性原则，一方面体现在动作的精准追踪以及动作结果的正确反馈，另一方面体现在虚拟建筑场景空间尺度构造的准确性、空间整体布局的完整性以及建筑空间环境的合理再现。

交互主体空间位置的准确性

对于虚拟空间中交互主体空间位置的准确追踪是确保交互空间感知具有精准性的基础。空间位置的准确追踪具有以下几方面的含义：

首先是对头戴式虚拟现实设备自身位置的定位追踪。头戴式设备自身的位置代表了交互主体位于虚拟空间中的坐标和方位，通过HMD系统中基于信号基站的Lighthouse定位系统所实现的Outside-in位置追踪模式，以及通过HMD系统摄像头所获取图像的SLAM算法而实现的Inside-out位置追踪方式，都能够使系统准确地表现交互主体在虚拟空间中的位移和角度旋转。

对于交互主体肢体动作和交互行为的准确追踪是交互空间感知精准性的另一个重要的方面。对于用户肢体动作的感知，在目前的系统中更多地是集中在对于手部动作追踪，通过HMD的设备前置摄像头所实现的双目立体视觉原理所实现的手部动作追踪，使得交互中能够更好地实现用户对建筑场景中信息选择和操作的交互意图。手部动作的交互模式除了使用手部动作的追踪以外，还可以使用HMD设备自身的交互手柄来替代用户原生的手部动作，这也不失为是一种较为可靠的交互模式。准确的肢体动作追踪，除了手部动作以外还包括整个身体的躯干动作和身体的下肢动作。躯干动作表现为身体的站姿、坐姿和下蹲动作，这些动作行为可以通过HMD设备自身的位置追踪获取设备距离地面的高度，而推测交互主体所处的躯干姿态。如果需要躯干动作和腿部动作的准确追踪，那就必然要使用较为昂贵的动作捕捉设备，目前基于惯性传感器的动作捕捉设备能够较为便捷地实现整个身体的躯干动作。基于动作捕捉设备可以在交互系统中实现更为精细的交互体验，比如可以实现对用户步迹的追踪，从而在用户对建筑场景中对一些具体的建筑构建进行使用体验的虚拟仿真过程中实现精准的交互反馈，如用户在使用楼梯的踏步，以及建筑室内空间的桌椅等家具过程中得到准确的信息提示。

空间感知的精准性，还体现在对于用户交互行为的准确及时的反馈。这种反馈表现为与交互主体空间位置的连续跟踪所保持一致的视觉透视变化，同时也表现为建筑场景空间中与用户的相对位置变化有关的光影和影调的变化，以及反射、折射、阴影等材质渲染所产生的变化和反馈。如交互主体从室外空间进入室内空间，场景在光影渲染上所产生的视觉变化。这些视觉层面的交互反馈，能够影响用户对于建筑空间场景的空间关系以及构造形式等方面的判断。对于用户交互行为准确及时的反馈还包括对用户肢体动作所引起的场景物理现象的反馈，例如在建筑空间场景中某些场景元素在掉落地面所表现出的碰撞效果，以及从地面的反弹效果，或者是场景中某些元素所表现出的惯性和摩擦力等物理现象反馈。这些场景物理现象的反馈也能够帮助用户对场景中建筑构造的材质，以及相关特性产生正确的认知。

空间尺度构造的准确性、空间整体布局的完整性

虚拟交互空间中空间感知的精准性还体现在感知对象建筑空间尺度及构造本身的准确性，以及建筑空间布局的完整性上。这一点具体表现为数字化虚拟场景中建筑主体的空间尺度比例准确，同时构成建筑主体的各部分建筑构件也具有精准的造型特征。除了建筑主体场景中的各部分建筑单体具有准确的空间尺度和造型比例以外，历史建筑群体应当具有完整的空间布局形态，同时建筑群体的空间尺度以及各单体建筑相对的空间位置都应当保持准确的空间位置特征。

除了建筑形态上的准确与完整以外，建筑的三维模型其表面的纹理信息反映了建筑材料的特征和建造工艺，如建筑材料的木质纹理属性，以及砖石垒砌的材料与工艺都表现在模型表面的纹理特征和纹理本身的尺度关系上。基于现代的计算机图形技术，在Unity、虚幻等虚拟交互系统开发平台上，建筑表面的材质纹理包括有基础颜色贴图、法线贴图、金属度贴图、环境光阻挡贴图以及置换贴图等不同的纹理贴图类型，这些贴图类型的合理应用能够准确地表现出主体表面材质的纹理质感、凹凸强度、反射强度以及光照属性，因此三维模型表面纹理的特征和完整程度也决定了空间感知的准确性。

具备这样的条件以后，交互主体在虚拟空间中所认知到的建筑形态具有精准的空间感知属性。

5.3.2 人性化的信息认知过程引导

建筑遗产的虚拟空间交互系统往往具有较为复杂的空间构造形态，同时也具有丰富的历史建筑信息内容，以及多样化的历史建筑信息形式，因此系统交互主体在系统的信息认知过程中具有一定的复杂性。如果没有交互过程的引导，用户在信息认知的过程中将存在较多的障碍，从而影响系统的使用价值。因此在虚拟交互系统中设置必要的交互行为引导线索，为用户提供认知过程的交互提示信息，这将有利于在历史建筑的虚拟空间中对信息的传播，同时也为系统的用户提供了更好的情境化的交互体验。人性化的信息认知过程引导是创造良好用户体验的必要条件，要做到人性化的信息引导交互设计，首先要考虑的是信息引导的交互方式要符合人类的认知规律。视觉和听觉是人类从环境中获取信息的主要感知通道，人性化的交互方式主要围绕视觉和听觉的感知而进行设计[38]。

在建筑遗产虚拟交互系统中，交互主体沉浸式的虚拟空间中对建筑空间的表现形成主观的认知，并且通过一系列的交互行为获取建筑遗产的隐含信息。在这一系列的交互行为过程中，交互主体既保持了在物理空间中的行为习惯和认知经验，同时又要探索和掌握在虚拟空间中获取信息的行为逻辑和认知方法。虽然虚拟空间能够模拟出一个完全写实的建筑空间场景，其空间尺度和光影色彩都可以和现实空间非常接近，但是毕竟人们在虚拟空间中的感官认知和行为方式都受到技术因素的制约，因此还无法和现实空间中的感官认知模式完全相同。虚拟交互空间的体验者和使用者在虚拟空间中的行为方式和信息的认知过程需要得到充分的提示和引导，才能顺利地完成预设的交互任务，并且这个交互过程需要设计师充分考虑用户的认知习惯，从而形成良好的认知体验。

在虚拟交互空间中，信息认知过程的引导模式主要是通过视觉感知和听觉感知来完成的，可以概括为：虚拟角色信息引导、空间界面元素信息引导、场景空间元素信息引导、语音及音效信息引导四个类型。

人性化的信息认知过程引导，其交互方式最好的参考对象是博物馆的讲解员或是景区的导游，面向参观者讲解展品内容和相关信息的过程。在这个过程中，讲解员除了对内容进行生动的介绍以外，还要注意游客的反馈并及时与观众进行沟通，并调整讲解的内容。虚拟交互系统中信息引导的设计与开发可以参考讲解员的行为方式，进行有效的优化提高用户的交互体验。在信息引导与提示系统的开发过程中，可以参考讲解员以下几个方面进行相互内容和交互方式的设计[39]。

讲解员和导游在讲解过程中所介绍的信息，通常是与展示空间的具体元素紧密关联的，所讲述的内容也是经过周密的策划，并且内容的信息架构是基于事物的逻辑组织起来的。因此，虚拟交互系统所展示的信息内容根据特定信息的空间属性，在建筑空间的框架内进行布局，信息架构和信息内容的组织形式依据建筑构造的结构特征进行合理策划。应用虚拟角色进行信息引导对交互体验者具有良好的亲和力，能够形成富于人文气息和趣味性的交互体验。虚拟角色的造型通常源于建筑文化遗产的历史背景，其形象设计可以是较为现实的造型或者是非写实卡通形态的造型。虚拟角色能够与交互主体形成互动，伴随体验者完成主要的交互过程，去角色通过肢体动作以及语音等方式，为交互系统的体验者提供方向指引、路径引导、交互任务提示确认、交互过程中用户误操作的反馈提示，以及建筑遗产相关信息内容的语音讲解。一个成功的虚拟角色信息引导，基本可实现在虚拟空间中的讲解员的任务。

讲解员在特定的空间环境下讲述内容的过程中总是与观众保持密切的沟通与联系，会提示用户所观看的内容位于用户的哪个方向、什么位置，有时也会使用激光笔等工具指示空间中的特定讲解内容。讲解员还会根据用户反馈的问题给出解释和答案，或者根据用户所表现出的兴趣偏好就某一方面的内容着重进行讲解。因此建筑遗产的虚拟交互系统在设计信息引导程序的时候，可以在基于用户所处的位置及方向的追踪信息基础上，提示用户在建筑空间中所应关注信息内容所在的相对位置，减少用户在空间中对信息进行搜索和寻找的过程。在交互系统的界面设计中，可以设置相应的菜单让用户能够对所感兴趣的信息内容进行选择，并根据用户的偏好设置信息的呈现。通过眼动追踪收集的用户视觉注意焦点的路径，还能够分析出用户在虚拟建筑场景中所关注的内容偏好，系统也可以根据用户的关注偏好组织相应的信息内容，使用户得到更为人性化的信息提示服务。

由于建筑遗产虚拟交互系统中的信息内容必然具有空间属性，因此对用户进行信息的认知引导过程中，必然涉及对空间方位的指向性提示，以及用户在信息的搜索、查阅、浏览过程中所涉及的交互行为信息提示，这些对于用户行为的提示，大量的是以符号化的图标元素出现在沉浸式的空间中。符号化的图标元素可以是2D的形态，始终正面朝向虚拟相机，也可以是三维的几何画符号形态。这些指示性的图形元素应当具有可读性，用户能够直观地理解其所表达的意义。空间中的符号化图形元素还应当具有象征性和隐喻性，确保指示性的图形元素能够与其所表达的空间信息属性具有与意义上的关联，从而减少用户的认知负荷。

人性化的语音提示也是对用户认知过程引导做出的有效的提示方式，充分地应用语音提示，能够减少用户在交互过程中由于图形符号元素在场景中引起的视觉干扰，减少不必要的交互信息的出现。同时在某些交互过程中也可以减少用户手部动作及其他的一些交互行为，使得交互过程更为轻松愉悦。

目前在数字媒体领域虚拟数字人的技术日趋成熟，在虚拟交互系统中虚拟数字人在与交互主体之间进行信息交流和沟通，所表现出的情感化特征为用户的认知引导设计提供了新的思路。在虚拟现实系统中能够塑造人类形象的讲解员，这类以讲解员身份出现的虚拟数字人在虚拟现实系统中具有传递信息并引导用户完成信息认知的过程，具备人类所具有的语音、肢体动作和表情等具有情感属性的信息表达方式，从而能够更为有效地与交互主体进行交流和互动。

空间界面元素信息引导

与传统的计算机系统一样，在虚拟空间交互系统中也存在一套人机交互界面。人机交互界面使用户通过交互界面向计算机输入信息完成交互指令的操作，同时通过交互界面获取系统的信息以供分析和判断。

虚拟交互系统中的空间界面元素，使传统人机交互界面中图形用户界面视觉元素的空间延伸。在桌面交互系统中，常见的图形元素在虚拟交互空间中同样能够得到较好的应用。例如 Logo、图标、按钮、文本框、图表和指示箭头等界面视觉元素在虚拟交互空间中以三维的空间形态呈现，同时也较好地适应了交互主体在桌面交互系统中形成的交互逻辑和认知习惯。

虚拟交互空间中的三维空间界面元素在造型设计上具有符号化和隐喻性的特征，其空间尺度以及与交互主体的空间距离应当符合体验者在虚拟空间中的行为特征和视觉体验。虚拟交互空间中的界面元素同时还应该在语义识别特性上具有较好的可读性，用户能够根据交互场景的具体情境快速地识别出空间界面元素所要表达的交互信息。根据大量的用户体验反馈，在虚拟交互空间中界面元素的信息表现，应当尽量减少大量文字的出现，交互主体在虚拟空间中通过头盔设备进行大量的文字阅读会引起视觉体验的不适。

场景空间元素信息引导

除了场景中的界面元素能够在交互过程中给交互主体提供明确的信息以达成交互过程的引导，场景中的其他视觉元素也能够有效地引导体验者的视线，让体验者的关注重点集中到信息呈现的区域，减少体验者在场景中搜寻信息的时间，提高用户的信息获取效率。虚拟交互空间是一个全景式的开放空间，在每个方向上都具有巨大的空间纵深，信息的分布错综繁杂，信息的内容庞大。在这样一个开放的空间中，如何引导交互主体快速地进入重点信息分布的空间，并且将视线聚焦在用户关切的信息内容之上，是虚拟交互系统在信息引导上需要解决的重要问题[40]。

系统的设计者能够利用场景空间元素的各种造型特征、运动特征和影调变化来引导用户的视觉注意。首先场景中光影的分布能够有效地引导用户的视觉关注，比如在整体照度较低的场景中，局部的重点照明就能够吸引用户的视线关注。与场景整体造型风格形成差异对比的造型元素也能够有效地吸引用户的视觉关注，在虚拟交互场景中可以在信息重点分布的区域设计造型特异的标志物来吸引用户的关注。另外人眼总是对运动的物体给予特别的关注，可以利用场景中一些运动的物体吸引用户的视觉注意，如虚拟场景中的飞鸟或者是一些具有特定轨迹的粒子特效都能够把用户的视觉注意吸引到特定的区域。

语音及音效信息引导

在虚拟空间的交互过程中，听觉也是一个非常重要的信息交互通道，起到了不可替代的作用。在交互系统中语音及音效信息能够很好地对用户的交互行为起到引导作用，以及作为信息反馈的重要模式。在虚拟交互系统中语音及音效的信息引导方式可以概括为以下三种模式：①通过伴随语音提示用户的交互动作；②运用虚拟空间中的事件触发提供语音的信息引导；③利用场景中的声音空间定位提供信息的空间方位指示。

虚拟空间中的伴随语音提示，其作用相当于展厅的讲解员，或者是景区的导游对体验者通过语音发出清晰的交互行为指示。这种对相互行为的提示，建立在交互系统对用户空间坐标的准确定位与跟踪的基础上，同时系统也通过陀螺仪传感器等硬件获取用户所面向的空间方位和动作姿态。系统清晰地感知到交互主体在交互过程中的状态，同时也明确在交互行为下一个流程所预期的交互目的，由此判断出交互主体所应当采取的交互行为，并以语音的形式清晰地给到体验者以提示。交互行为的语音提示可以在不需要用户进行多余的交互动作的基础上给到用户语音信息，在某种程度上能够简化交互流程，提高交互效率。

交互过程中的语音提示也可以是当用户进入某个建筑空间场景中而触发的交互行为提示，或者是用户通过手柄或者其他信息输入设备与场景中的虚拟元素发生碰撞检测，及输入指令而触发的某种交互反馈。这种语音提示同样能够准确清晰地给到用户以交互行为的提示，同时交互任务的指示方面更具有与虚拟场景和虚拟对象的针对性。

交互主体在虚拟空间中进行交互任务的流程中，首先需要判断自身的空间方位。人类对于空间认知的形成除了通过视觉信息进行判断以外，声音信息也是人类形成空间方位认知的重要判断依据。在虚拟交互系统中通过高保真的音响系统，声音信息是能够还原出声音源在虚拟空间中的方位特征的，在虚拟空间中通过最基础的左右声道的差异，以及声音的音调与强弱在用户与声音源的距离上产生的变化，用户能够直观地通过声音的变化特征，判断出声音源在虚拟空间中的方位，从而辅助用户建立起对建筑场景的空间方位认知。通过特定的音效属性特征设计，就可以给用户进一步地传递出更多的信息，从而引导用户完成交互流程。

5.4 建筑遗产虚拟空间的视觉设计

5.4.1 虚拟交互工具的视觉隐喻

在虚拟交互系统中，交互功能的实现必然涉及系统中虚拟交互工具的应用，如第一人称视角的位置选择、建筑构建的三维形态观察、建筑历史文本或图形信息的展开这些功能都要使用相关的三维或二维的图标以实现交互过程的选择和操作。这些三维或二维的图标视觉形态具有一定的语义特征，在三维的虚拟交互空间中，功能性图标的视觉形态一方面要表达独特的语义信息，另一方面在造型风格上要和虚拟空间的整体视觉风格保持一致。因此功能性的图标在设计思路上较为适合应用视觉隐喻的设计手法，图标视觉元素的设计具有拟物化的视觉特征。

针对建筑遗产的虚拟交互系统功能性图标所对应的交互操作流程具有以下三种类型：辅助认知工具、信息管理工具、对象操作工具。

辅助认知工具：系统的交互主体在获取建筑遗产的结构、材料以及历史人文等相关信息过程中，其交互行为包括搜索、识别、观察和理解等一系列认知过程。用户的这些认知行为需要在虚拟空间中得到指示和引导等信息的辅助提示，从而减少用户在交互过程中错误的交互反馈。辅助认知工具需要有非常明确的视觉语义，具有简明的造型特征，为了能够吸引用户的视觉关注，也可以加入一些动态的设计手法。

信息管理工具：对于建筑遗产的保护和研究，专家型用户在使用系统过程中往往需要对建筑遗产的数据化信息和图形化信息进行有效的分析，并且在三维形态的遗产空间结构上研究针对实物的修复方案；同时针对数字化的遗产保护系统，在虚拟空间的建筑形态上显示实时的温度、湿度等传感器数据，以及遗产的结构信息、不同历史时期的修缮记录等，这些数字化的信息管理对于遗产的保护和修复具有十分重要的意义。另外建筑遗产的虚拟交互系统其信息管理工具，还体现在对历史建筑空间尺度的测量。传统的测绘工作需要耗费大量的人力和物力，也容易对历史建筑造成二次破坏，在虚拟交互系统中精确的三维空间模型本身就带有较为精确的空间尺度信息，因此能够提供有效的虚拟空间中的测量工具。这种测量包括了结构尺寸、空间平面的面积、建筑构建的体积以及对色彩光照时间等多种物理因素进行准确的评估和数据分析，在避免破坏文物状态的同时大大提高工作效率。另外对历史建筑的信息管理工具，其功能还体现在对修复方案的可行性分析。在虚拟的建筑空间中能够将不同的修复方案高保真地呈现在现有的建筑空间环境中，从而可以可视化地、精确地呈现和观察修复工作的关键环节，判断修复方案的合理性以及对遗产本身所造成的各种影响。以上这些信息管理工具在虚拟空间中的实现过程中都涉及大量的信息的交互操作过程，因此工具本身的可视化形态必然要求与所操作的对象具有功能和语义上的视觉隐喻关系。

对象操作工具：在建筑遗产虚拟交互系统中，出于遗产保护的研究和建筑遗产文化的传播等目的，都需要对建筑空间中一些结构元素进行虚拟的操作，比如对斗拱等典型的中国传统木结构建筑构建进行三维结构的观察，以及对斗拱结构的虚拟装配，都涉及比较复杂的虚拟对象的操作过程。虚拟交互系统提供了非常灵活的观察视角和在实际物理空间中无法获得的建筑结构信息，对于复杂的结构形态能够做到细节的放大和解析，充分观察建筑构建的三维结构特征和表面纹理特征。这些虚拟对象的操作工具在视觉形态的设计上，应当有利于用户对工具交互功能的理解和操作方式的掌握，具有隐喻特征的拟物化设计是较为有效的设计方案。

5.4.2 三维空间中信息界面的易用性

三维虚拟交互系统的人机交互界面与传统的桌面操作系统有着较大的差异。在三维虚拟空间中信息交互界面分布于空间中的不同区域，而不是集中在某一个特定区域的二维平面范围中，对于信息内容的操控，使用桌面操作系统所常用的鼠标和键盘进行输入和交互，难以在三维的空间信息交互界面中便捷地操作。在三维虚拟空间中，信息交互界面及其操作对象在形态、色彩、比例尺度和空间位置的分布上都具有自身特有的属性[41]。在建筑遗产的三维虚拟交互空间中，信息交互界面的设计应当结合建筑主体的三维空间布局，以及用户在虚拟空间中视觉认知的规律，构建出合理的信息架构体系[42]。

在三维空间的信息交互界面中，信息内容的呈现是根据用户的交互意图，以及交互任务分散地、动态地呈现于用户的视域范围之内。系统所呈现的信息内容是根据用户在实际的交互过程中所接触和关注的建筑构件实时地触发相关信息的呈现，在用户的视域范围内根据信息的主次关系合理地分布信息内容的视觉呈现。例如在保国寺的虚拟交互系统中，用户置身于宋代木结构建筑体系的虚拟空间中，对宋代大木作木结构建筑构件的探索和考察需要进一步地对其结构和尺度关系作出具体的了解，虚拟交互系统根据用户的交互意图将木结构斗拱的结构造型从木结构体系中分解出来，展示于用户的眼前，并根据用户的进一步操作将斗拱的具体尺寸和数据呈现在三维的木结构模型上，使用户能够清晰地观察到木结构建筑体系的全貌和每一部分的结构细节。

在三维信息交互界面的设计中，信息界面的视觉元素在大小比例与交互主体的相对空间位置等因素的设计上，都应当遵循虚拟现实设备所能提供的视觉感知规律，在不同类型的设备上像素和分辨率的差异，以及光学系统的不同原理都会影响在虚拟交互系统中用户对信息对象的认知效果。对于这方面的人机交互界面认知规律的分析，更多的是应用关于虚拟现实交互方式的实验数据结果作为设计的评估依据。例如笔者所主持的关于HMD中的眼动追踪交互的实验，实验结果验证了HMD中的眼动追踪交互是虚拟交互场景中一种可行的自然交互模式，通过合理地设计眼动追踪交互，能够给用户提供更为自然和轻松的交互体验。通过实验数据的量化分析，我们关注到眼动追踪交互中对象物体的大小比例、凝视反馈的时间以及适当的交互反馈提示等三种因素，能够明显地改善眼动追踪交互的执行效率和用户体验。

对于虚拟空间中信息交互界面的易用性研究，利用实验数据的量化分析能够有效地获得用户在特定交互模式中对信息的可感知性和体验性的反馈，从而更好地优化信息交互界面的架构设计和视觉形态设计，有效地降低用户的认知负荷，在三维虚拟空间中能够便捷地完成信息的检索和信息的呈现。

5.4.3 对用户的视觉引导范式

在虚拟交互空间中对与建筑遗产相关的叙事内容的演绎已经不适合应用传统影像创作中镜头语言的叙事方法，为了传递和表达历史建筑中必要的人文信息，需要探索在沉浸式虚拟空间中新的叙事表达语言。

数字化的三维虚拟空间中对建筑遗产中历史人文信息的表现，主要包括两部分内容：其一是建筑空间的三维数字化构建；其二是以三维虚拟角色为主要内容的叙事情节的演绎，其中也包括与历史人文信息相关的生产生活资料和工具。这两部分内容的关系类似舞台环境和演员的表演。

基于以上的分析，在沉浸式虚拟空间中对建筑遗产历史人文信息的传递，除了数字化空间的构建以及历史人文信息本身的演绎以外，更主要的是需要引导用户在虚拟交互空间中的视觉关注内容，使用户能够在丰富的数字化信息环境中首先获取核心的人文信息，从而提高信息传播的效率和信息内容的质量。

视知觉中关于注意的知觉规律是认知心理学的重要内容，注意是日常生活中必不可少的认知行为，如果没有注意的知觉过程人类就无法清晰地感知环境中的具体事物。人们通常会知觉自己已经注意到的事物，而忽略自己并没有注意到的事物。

人类的注意分为内源性注意和外源性注意两种类型。人们对于环境中突出的视觉刺激和声音刺激产生反应，对于突然出现的视觉或听觉信息会自动地吸引注意，这种注意被称为外源性注意；而当人类基于头脑中已有的特定意识而在环境中寻找特定的刺激内容，或是留心观察周围环境发生的事物，这种有意识地环顾周围环境中的信息而决定注意分配的方式被称为内源性注意。内源性注意和外源性注意都涉及外显性注意，外显性注意是通过眼动，即人类视觉的观察来实现的注意转移。

在沉浸式虚拟空间中人类对周围环境信息变化的关注机制是与现实生活中对环境的关注相同的，主要是通过视觉观察而实现的外显性注意，包含了内源性注意和外源性注意。建筑遗产的虚拟交互空间中为了能够让系统的用户高效地获得有效的信息，开发人员需要在沉浸式的虚拟空间中对用户的视觉认知过程进行引导。基于人类对视觉刺激的反应规律，我们能够将视觉引导归纳为以下三种类型：

1. 影像构成元素的视觉引导

在这一类型的视觉引导设计中首先排除场景元素的运动特征，对用户视觉注意对象的引导主要是通过图像元素在色彩、造型以及图底的对比关系而形成的视觉引导。需要重点突出的目标对象与环境在色彩的明度以及色彩的色相对比和色彩的纯度对比，都能在视觉上引起较为显著的关注。在造型轮廓的特征上形成轮廓线条的曲直关系对比、形态的大小对比、繁复与简约的对比，也能形成视觉上突出的注意对象。

例如在江南民居古镇的场景中，白墙灰瓦形成了统一的建筑基调，如果在演绎民俗文化的情境中，建筑的入口及主体建筑的屋檐下悬挂有元宵节的彩灯，这些色彩鲜艳的彩灯以及鲜活生动的造型都会使用户在极短的时间内引起视觉的关注，从而将在空间中分布的历史文化信息能够较为集中在建筑空间的重点区域，将用户的信息交互行为集中在建筑空间中特定的区域，形成对沉浸式空间的信息引导。总体而言，在排除了运动的视觉元素影响下，空间中的色彩构成要素中，色彩明度对比、色相的对比以及色彩饱和度的对比，对视觉关注的刺激，程度上是依次降低的。

空间元素的造型轮廓在大小和图的关系上也能形成明确的对比关系，从而突出场景中主要的叙事对象。除了造型的对比关系以外，场景中造型的线条所具有的指向性特征同样能够对用户的视觉认知行为产生必要的引导作用。色彩与造型的认知规律在格式塔心理学以及造型设计的构成理论中有较为完备的阐述。

认知心理学的研究表明，影像元素的色彩及造型所形成的视觉注意，多数情况属于外源性注意，对于受众的认知效果具有潜移默化的作用。在建筑空间中装饰性元素的造型及色彩以及附加的空间界面元素，都能够有效地组织起交互空间中用户的视觉引导。另外，在建筑空间中出现的人物以及具有情感特征的造型也能够引起受众的关注。

2. 空间构成元素动态的视觉引导

建筑空间环境中动态的造型元素能够在视觉上引起显著的关注效果，在影视作品中同样也经常应用动态的画面元素来吸引观众的视觉注意。通常人类总是更容易对动态的物体引起更多的视觉关注，而静态的物体则通常更容易被忽视。例如在建筑场景的环境设置中，如果有一辆马车在道路上由远及近地行驶而过，马车的形象必然会在虚拟交互场景中成为交互主体关注的焦点。再比如用户在历史建筑场景中的自由浏览过程中，有一只飞鸟从用户的眼前飞过，在空中优雅地飞行然后落在建筑的屋脊之上，此时用户的视觉注意焦点必然会随着飞鸟的运动而改变。

由此可见，在相对静止的建筑场景中动态的造型元素其自身很容易会成为用户视觉关注的焦点，动态造型元素的运动趋势和运动路径具有强烈的空间指向作用，这些特征决定了动态的空间构成元素是虚拟交互场景中有效的视觉引导方式。

3. 角色形态的视觉引导

在人类的认知规律中，人形角色的造型形态总是对观众具有特殊的视觉吸引作用，这种人形角色的造型包括人物的整体躯干造型，也包括角色的面部五官特征造型。在认知心理学的实验中，观众对于人的面部特征的反映最少只需要13毫秒的时间。当在建筑空间的场景中出现人物的形态时，观众总是第一时间被场景中的人物形态所吸引。因此在历史建筑的虚拟交互场景中对于历史人文的叙事表达过程应用人物的形态引导用户的视觉关注焦点，能够较好地达到信息传递的效果。

此外角色的表演、肢体动作以及角色的语言表述能够直接而有效地引导用户关注场景中特定的信息内容。例如在陶瓷制作加工的历史建筑虚拟场景中，设置虚拟角色来表演陶瓷加工的工艺过程，以及一些特定的加工工具的使用方法，虚拟角色对于特定建筑场景的语音讲解。这些角色形态的演绎过程都能够很好地吸引观众的注意事项，并有效地传递历史人文建筑所具有的信息内容。另外在建筑空间的虚拟导览中，设置虚拟数字人作为空间导览的引导者，引导用户在建筑空间中的观看路径，并讲解历史建筑相关的遗产信息，同样具有非常显著的信息引导价值。

4. 音效和语音的视觉引导

在现代的虚拟交互开发工具中，如 Unity 以及虚幻引擎都具备使声音具有空间属性的功能，因此在历史建筑的虚拟交互空间中音效的产生本身是具有空间方位的感知特性的。当用户对建筑空间的浏览是处于环绕立体声的空间环境中时，用户能够清晰地辨别出音源位置的空间方位。这一方面给用户带来更为确切的沉浸式体验，一方面用户在环绕的声场环境中能够有效地被特定的声音信息所引导，而对建筑空间中某个特定的方向引起关注，从而引导用户获得相应的信息内容。

声音源本身所具有的音效识别特征，同样也传递出某种场景元素所具有的信息内容。例如在寺庙的虚拟场景中，寺庙的木门在打开时户枢所发出的特殊的音效能够清晰地表达出声音的来源及可识别的对象特征。因此在特定的空间位置上所发出的可识别的音效，能够有效地使交互主体在虚拟场景中转移视觉关注焦点，而寻找相关的信息来源，引导交互系统的受众接受叙事表达的信息。

1. 张剑葳，吴煜楠.虚拟仿真技术在文物建筑教学中的应用探索［J］.中国大学教学,2019(11):66-69.

2. 顾正彤，卢章平.虚拟文化空间叙事主题的意义建构与组织秩序［J］.深圳大学学报（人文社会科学版）,2023,40(02):58-68.

3. 张应韬，单琳琳.建筑文化遗产数字化体验设计策略研究［J］.自然与文化遗产研究,2022,7(06):97-111.

4. Qin J, Guan Y, Lu X. Research on the interaction design methods of digital cultural heritage［C］//2009 IEEE 10th International Conference on Computer-Aided Industrial Design & Conceptual Design. IEEE, 2009: 1452-1454.

5. 石力文，侯妙乐，解琳琳，蒋永慧.面向古木建筑构件不同尺寸留取精度需求的高效技术研究［J］.地理信息世界,2018,25(05):1-7.

6. 杨雨佳，王英健.陕北窑洞门窗建筑装饰图案造型特征及符号意义［J］.艺术百家,2018,34(06):169-173.

7. 张青萍，董芊里，傅力.江南园林假山遗产预防性保护研究［J］.建筑遗产,2021(04):53-61.DOI:10.19673/j.cnki.ha.2021.04.007.

8. TAN Huayun,ZHOUGuohua.Gentrifying rural community development: A case study of Bama Panyang River Basin in Guangxi, China［J］.Journal of Geographical Sciences,2022,32(07):1321-1342.

9. Palos S, Kiviniemi A, Kuusisto J. Future perspectives on product data management in building information modeling［J］. Construction Innovation, 2014.

10. 陈宜瑜，张琦.澳门建筑遗产保护的探索与思考［J］.安徽建筑大学学报,2020,28(03):84-91.

11. 杜文晓.古建筑 BIM 的存储与显示［D］.北京：中国地质大学（北京）,2019.

12. 袁烽，孟媛.基于 BIM 平台的数字模块化建造理论方法[J].时代建筑,2013(02):30-37.DOI:10.13717/j.cnki.ta.2013.02.006.

13. Rushton H, Silcock D, Schnabel M A, et al. Moving images in digital heritage: architectural heritage in virtual reality［J］. AMPS series, 2018, 14: 29-39.

14. 王晓光，梁梦丽，侯西龙，宋宁远.文化遗产智能计算的肇始与趋势：欧洲时光机案例分析［J］.中国图书馆学报,2022,48(01):62-76.

15. 阳建强 . 基于文化生态及复杂系统的城乡文化遗产保护［J］. 城市规划 ,2016,40(04):103-109.

16. 张松 . 历史城市保护学导论：文化遗产和历史环境保护的一种整体性方法［M］. 上海：上海科学技术出版社 , 2001.

17. Stovel H. Origins and influence of the Nara document on authenticity［J］. APT bulletin, 2008, 39(2/3): 9-17.

18. 余亚峰 . 关于历史性建筑保护和修复的思考［J］. 中华建设 ,2005(02):36-37.

19. 徐桐 . 奈良 +20: 关于遗产实践、文化价值和真实性概念的回顾性文件［J］. 世界建筑 ,2014(12):108-109. DOI:10.16414/j.wa.2014.12.035.

20. 蔡晴 , 姚糖 . 景观遗产的风貌维护与风格修复［J］.Journal of Landscape Research,2009,1(07):35-39

21. Trotter C M. Remotely-sensed data as an information source for geographical information systems in natural resource management a review［J］. International Journal of Geographical Information System, 1991, 5(2): 225-239.

22. 王依 , 吴葱 , 王巍 . "原状"的困惑：关于不可移动文物保护原则的再思考［J］. 建筑遗产 ,2022(03):38-44. DOI:10.19673/j.cnki.ha.2022.03.005.

23. 麦璐茵 , 周向频 , 陈路平 . 上海近代公园的纪念意义转变与空间重塑［J］. 园林 ,2022,39(10):52-60.

24. 斯特凡诺•布鲁萨波奇 , 帕梅拉•梅耶扎 , 谢书宁 . 智慧建筑与城市遗产：应用及相关思考［J］. 数字人文研究 ,2022,2(03):50-60.

25. 陆地 . 不可移动文化遗产"保护"话语的寓意［J］. 建筑学报 ,2021(02):104-110.

26. 吴惠凡 . 媒介融合背景下意见表达方式的变化与反思［J］. 国际新闻界 ,2013,35(11):6-18.

27. 张伟 . 媒介、实物与空间：当代视觉修辞的三种向度及其实践逻辑［J］. 东北师大学报（哲学社会科学版）,2023(02):74-82.

28. 周逵 . 虚拟空间生产和数字地域可供性：从电子游戏到元宇宙［J］. 福建师范大学学报（哲学社会科学版）,2022(02):84-95+171.

29. 陈少峰 , 李微 , 宋菲 . 新一代信息技术条件下文化与科技融合及其产业形态研究［J］. 山东大学学报（哲学社会科学版）,2022(05):50-59.

30. Fouché G, Argelaguet F, Faure E, et al. Immersive and Interactive Visualization of 3D Spatio-Temporal Data using a Space Time Hypercube［J］. arXiv preprint arXiv:2206.13213, 2022.

31. Centofanti M, Brusaporci S, Lucchese V. Architectural heritage and 3D models［J］. Computational Modeling of Objects Presented in Images: Fundamentals, Methods and Applications, 2014: 31-49.

32. 王珏 , 袁立飞 . 对话与新生：文化遗产数字交互设计的演进［J］. 艺术传播研究 ,2022(02):73-78+98.

33. 秦枫 . 基于数字媒介的文化遗产传播研究［J］. 中原文化研究 ,2021,9(03):74-81.

34. 毛嘉琪 , 张新 . 元宇宙：铸牢中华民族共同体意识的发展新样态［J］. 云南民族大学学报（哲学社会科学版）,2022,39(06):14-22.

35. 巴哈拉克•塞耶达什拉菲 , 徐知兰 . 遗产影响评估在世界遗产地保护中的实际作用：科隆大教堂和维也纳城市历史中心［J］. 世界建筑 ,2019(11):56-61+138.

36. 李亚男 . 土耳其圣索菲亚清真寺的"回归"［J］. 世界知识 ,2020(15):54-55.

37. 张晓斌 . 广东文化遗产活化利用的模式与实践［J］. 文博学刊 ,2020(02):110-116+124.

38. Sweller J. Some cognitive processes and their consequences for the organisation and presentation of information ［J］. Australian Journal of psychology, 1993, 45(1): 1-8.

39. Palombini A. Storytelling and telling history. Towards a grammar of narratives for Cultural Heritage dissemination in the Digital Era［J］. Journal of cultural heritage, 2017, 24: 134-139.

40. Mikeska J N, Howell H. Authenticity perceptions in virtual environments［J］. Information and Learning Sciences, 2021.

41. Fisher S S, McGreevy M, Humphries J, et al. Virtual environment display system［C］//Proceedings of the 1986 workshop on Interactive 3D graphics. 1987: 77-87.

42. Khan I, Melro A, Amaro A C, et al. Systematic review on gamification and cultural heritage dissemination［J］. Journal of Digital Media & Interaction, 2020, 3(8): 19-41.

第6章
惠山古镇金莲桥虚拟交互系统

6.1 《古刹视境》项目概述

本课题基于惠山古镇的金莲桥及惠山寺等建筑文化遗产构建了一个虚拟交互系统，该系统命名为《古刹视境》。本课题针对虚拟交互中的交互模式单一和信息传播量小等问题，探讨了基于眼动追踪与手部动作追踪的自然交互方式在建筑文化遗产传播中的应用，以及在交互设计中的设计策略。

建筑文化遗产是世界文化的重要组成部分，为了更好地保护和传播这些文化遗产，虚拟现实技术被广泛应用于建筑遗产的数字化重建和虚拟展示中。然而，传统的虚拟交互方式在沉浸式虚拟空间中存在着交互模式单一、信息传播量小等问题，难以满足用户的需求。因此，本课题提出了基于眼动追踪与手部动作追踪的自然交互方式，旨在优化虚拟交互的用户体验和信息传播效果。

在实验中，我们使用HTCVive Pro的眼动及手部动作追踪模块，应用于文物建筑金莲桥及御碑亭的虚拟交互展示中。通过对用户进行眼动追踪和手部动作追踪，实现了更加自然和智能的交互方式，从而提高了用户体验和信息传播效果。研究结果表明，基于眼动追踪和手部动作追踪的自然交互方式可以更好地传播建筑遗产的空间结构信息和历史文化信息，提高信息传播的效率，进一步推进了文化遗产的数字化传播方式的发展。

在设计自然交互方式时，我们提出了针对建筑文化遗产的设计策略。首先，要结合文化遗产的特点，采用合适的自然交互方式，使得用户可以更加自然地与文化遗产进行互动。其次，要考虑用户的使用场景和需求，设计合适的交互界面和交互流程，以提高用户体验。最后，要重视用户的反馈和体验，不断进行改进和优化，从而逐步提升自然交互方式的效果和实用性。研究采用虚拟现实技术构建了一个建筑文化遗产展示平台，并在此基础上设计了基于眼动追踪和手部动作追踪的自然交互方式，通过用户实际操作和反馈验证了这种交互方式在文化遗产保护与传播中的应用效果。该研究为建筑文化遗产保护与传播提供了一种新的技术手段和交互方式。

6.2 惠山寺及金莲桥的历史文化背景

惠山位于江苏省无锡市的西郊，面积约为20平方千米，最高海拔为328.98米。惠山自古以来有多个称谓，包括九龙山、冠龙山、慧山、历山、厯山、华山、西神山、九陇山、斗龙山等，其中最常用的名字是"惠（慧）山"。惠山与浙江天目山相连，是天目山的支脉。因其自然条件优越，成为江南地区的名山，为名胜的形成奠定了基础。唐代是中国历史上人文山水名胜形成的重要时期，惠山寺以其园林寺院的优势吸引了众多名人到此观览。文人通过诗文记述惠山的山水风光和文化底蕴，将惠山由自然山川转化为人文名胜[1]。

虽然山川无声，但文人通过诗文表达对景物的赞誉，这些诗文被保存在卷轴、碑版等文化载体中，丰富了惠山的文化底蕴，提高了该地的知名度和地位。这些文人通过自己的观察和领悟，将景物的美感和情感通过诗歌和文学表达出来，这样的表达不仅使得不能亲览景物的人也能够领略到其美景，同时也是对这一地区的一种赞美和记录。这些文学作品的质量和数量在一定程度上反映出当时惠山在文化和艺术方面的繁荣和发展。这些文人的足迹成为后人游览惠山的主要原因，使其由自然山川向人文名胜转变。这种趋势表明人类对于美的追求不仅限于物质层面，而是更多地关注精神和文化层面。因此，惠山的名胜文化不仅体现了自然山水的美感，更代表了一种文化和历史的价值，具有重要的意义和影响。

佛教在两汉时期传入中国，随着魏晋南北朝时期的发展，逐渐融合了中国本土的思想文化，并形成了"山水以形媚道而仁者乐"的山水美学观。在此过程中，文人士大夫对自然山水的钟爱影响了佛教的传播，使寺院的选址观念从繁华地区转向了景色优美的幽林山谷。同时，佛教在两晋时期迅速发展，到南北朝时期，"舍宅为寺"的现象普遍存在，许多文人名士因此以宅为寺，形成了盛况。在这一社会背景下，惠山以其优美的自然条件成为佛教发展的重要胜地。这一过程不仅体现了佛教与中国本土文化相互融合的趋势，同时也反映了文化和宗教的相互影响和交流。佛教通过对山水景观的赞美，使得自然环境成为宗教文化的重要元素，同时也促进了文化的繁荣和发展。

据记载，惠山佛寺的建设始于南朝刘宋时期，其前身是历山草堂。根据《慧山记》所述，历山草堂于景平元年（423）改名为华山精舍，在元徽年间（473—477），沙门僧显来到此地，并居住于华山精舍。梁大同三年（537），华山精舍更名为"法云禅院"[2]。陆羽在《慧山寺记》中提到寺前有曲水亭，又称憩亭或歇马亭，供士庶歇息。曲水亭附近有方池，又称千叶莲花池或纺塘，也称浣沼。大同殿是惠山佛寺的主要建筑之一，据传建于梁大同年间，因而得名。可以看出，唐代以前，华山精舍已经初步建成，至少包括曲水亭、千叶莲花池和大同殿等三个古迹[3]。

金莲桥位于惠山寺前的金莲池上，是一座距今已有800多年历史的石桥。它约建于北宋靖康年间，长10.7米，宽3.4米。桥上有4个石鱼首和4个石螭首，两侧的石板上雕刻着精致的缠枝牡丹和男女童子的图案，寓意着荣华富贵代代相传。这些图案是典型的宋代流行的吉祥图案。这座古老的石桥采用了好几种不同的石料，其中紫褐色的石料是武康石，是宋代建桥时使用的原石。这反映了历代对桥梁进行的维修。金莲桥造型匀称、优美，结构稳固，雕饰华丽，刻工精美，是古代庭院桥梁中的佳作。在无锡，它可以算是最古老的石桥之一，现已被列为省级文物保护单位[4]。

金莲桥除了它的独特造型和桥身上刻有的图案之外，桥的南侧华板上刻有"懋德堂李府"五个字，表明这座桥梁是由李府建造的。李纲是一位忠于宋朝的名臣，在金兵大举入侵时，他自告奋勇领军杀敌，固守京城。尽管他坚决反对接受金人的丧权辱国的条约，但仍被调离京城。不久之后，开封失守，徽、钦两帝成了金人的俘虏。这些史料表明，寺庙中的金莲桥很可能是惠山寺被赐予李纲作为功德祠时建造的[5]。

千叶莲因为长期无人管理，遭到滥采，到南宋时已经消失，被一种叫金莲花的水生植物所取代。这种植物每年春夏季节会在绿叶中长出金黄色的小花，花中央有绯红色花心，满池点缀，十分可爱。明代初年，无锡教谕王达为金莲池写下了诗句，说明此时池塘中的植物已不是千叶莲，而是这种野生水草，叫作萍蓬草，属睡莲科。过去在无锡安镇、斗山等地的池塘和水浜中都有分布，但随着农业开发和水质污染的加剧，其分布范围越来越少。而在这个小小的方池中，这种野生水草得以保存，物以稀为贵，现在反而比较珍贵[6]。

从学术的角度来看，金莲桥是一座具有历史、文化和艺术价值的石桥。它是宋代建筑的杰作之一，也是反映中国古代桥梁建筑技术和文化的重要实物；同时，金莲桥所采用的石料和雕刻技术，也反映了中国古代石雕工艺的高超水平。因此，对金莲桥的研究和保护，有助于深入了解中国古代建筑和文化的发展历程，也有助于保护和传承中国优秀的文化遗产。

御碑亭是一座历史悠久的建筑，位于金莲桥西塊、大同殿前，是为了恭迎清朝乾隆皇帝多次游览惠山，赞颂锡惠景色而建造的。碑亭建筑气势宏伟，采用了重檐歇山的结构形式，显得十分高大。碑亭正中竖立着一块巨大的石碑，四面刻有乾隆皇帝写的四首诗，其中正面的一首是1751年乾隆初次来到惠山并游览寄畅园后所写的七律[7]。

"寄畅园中眺翠螺，入云抚树湿多罗。了知到处佛无住，信是名山僧占多。
暗窦明亭相掩映，天花涧草自婆娑。阇梨公案休拈旧，十六春秋一刹那。"
北面是1757年乾隆帝第二次到惠山时写的诗：
"九陇重寻惠山寺。梁溪遐忆大同年。可知色相非常住，惟有林泉镇自然。
所喜青春方人画。底劳白足试参禅。听松庵静竹炉洁，便与烹云池汲圆。"
如果把这二首诗用白话文表达，大意是：

　　"在清幽的寄畅园里，眺望那像少女螺髻般的惠山。朵朵飘忽的云雾，抚摸着山中参天的古木，使多罗树般的叶子都带雨含烟，啊！真如极乐世界一般。是的，佛国的境界，是无处不有的。但天下名山，倒确实被寺庙所占。你看，惠山寺的景色多美啊！幽壑、清泉和高亭相映成趣，岭上奇花、岩下异草，随风飞舞，姿态烂漫。唉！寺中人不必再把圆明园参禅旧事重提了。真是弹指一挥间，我即位已有十六个春秋了。"

　　"来到了九陇山麓，重温惠山寺古朴的风情。望见那梁溪长流的河水，遥想起创建寺院的大同年间。这1000多年的风风雨雨啊，可以体味到所有人和事物，都不可能一成不变的。只有那山林泉石，才能永远守护着大自然。可以告慰大家的，我已风华正茂，开始在事业上有所作为，不必烦劳僧人去礼佛悟玄。这里的听松庵多么幽静，竹茶炉又是那么清洁别致，从二泉圆池中汲取的灵液，正适合用云雾茶来烹煮品茗。"[8]

　　这座御碑亭高3.4米、宽1.1米、厚0.33米，重达10000多千克，曾在"文化大革命"期间被推倒砸碎，只剩下一座空亭。后经过探访和征集，人们终于找到了原来的部分拓片。但是，由于正面一幅拓片无法找到，几位园艺老工人通过回忆找到了当年砸碎石碑所埋的地方，并将四分五裂的残碑碎块挖掘出来。书法家王能父带领工人将石块拼凑起来，一块块进行墨拓，然后按照乾隆笔意修补缺笔断画，使其连贯无缝。同时，人们在吴县（苏州地区）找到了尺寸相仿、15000千克重的大青石，并有字迹花纹的拓片，经过一年多时间的修复，使其恢复了原貌。最终，在1982年初，这座乾隆御碑得以在亭中重立，并由著名书法家舒同重书亭额。石碑见证了乾隆皇帝对惠山锡惠景色的赞美和对惠山文化的关注，具有重要历史和文化价值。

　　御碑亭旁有一棵雄性古银杏树，据传由明代惠山寺僧性海所植，已有600多年历史。这棵树高21米、树径1.9米，树干直耸云霄，树身上长满疙瘩，树干上有三个倒重的树乳，其中一个十分粗大。这种倒垂树乳，一般树龄在500年以上才会生长。由于它高出周围树木，经常可以看到喜鹊在其枝头高鸣。

　　银杏是雌雄异株植物，这棵古银杏属雄性，不会结果，但离它6米左右的树洞中寄生着一株常绿攀援植物——薜荔，也有200多年的树龄，经常结出圆圆的果实。清代诗人秦琳曾为这株寄生的薜荔写过一首诗。奇怪的是：1982年，这棵雄性古银杏树竟然结出了7粒白果，播种后还能够发芽生长。植物学界认为这是一种罕见的"性反转"现象。

　　作为无锡市区首屈一指的树中老寿星，这棵古银杏树以其高耸的身姿、疙瘩纵横的树身、倒垂的树乳和神秘的"性反转"现象吸引着众多游客。在它的浓荫下，御碑亭旁的石墀上长满了绿苔，与寄生着薜荔的枝头一起构成了一幅自然的画卷。

　　古银杏北侧有一块奇石——听松石床。这块天然石床长2米、宽厚各近1米，通体无刀斧痕迹，是一块天然断裂而成的火成岩，石质暗黄，质地坚硬，石面平坦光滑，一端略翘起如枕，似天然的石床。唐代书法家李阳冰曾篆刻"听松"两字于其枕端，以示纪念。石床边还有楷书题跋10行，每行字数不等。全文不超过100个字，可以辨识的不到半数。

听松石床以其特有的魅力吸引着游人，晚唐诗人皮日休曾在此石上休息，倾听阵阵松涛，写下了"殿前日暮高风起，松子声声打石床"的诗句。明代南京礼部尚书邵宝曾专门为石床写了三首诗，其中一首是这样写的："惠山石床古有之，声声松子金风时。皮休题诗李冰篆，千秋并作山中奇。"

据民间故事，宋代名将岳飞的大军曾驻扎在宜兴山区，把南侵的金兀术打得大败而逃。金兀术躲在听松石床上休息，误以为听到的是宋军追兵的声音，吓得急忙滚下石床。岳飞的追兵到来时，他用力过猛，右手抓在石床边上，在这块巨石下留下了他的手掌和指头的痕迹，至今还可辨认。此外，听松石床还流传着一些民间传说，称它为"偃人石"，认为这块神奇的石头能伸能缩，不管长人矮人，和躺上去的人一样长短。不过这是民间传说，缺乏科学依据。总之，听松石床作为一块天然断裂而成的奇石，以其独特的自然美和历史文化价值，吸引了众多游客和文化爱好者。

6.3 《古刹视境》项目数字化保护与传播的理念

6.3.1 虚拟交互课题的设计原则分析

随着岁月的流转，越来越多的建筑文化遗产正面临着崩毁和消失的命运。在我国，建筑文化遗产的分布面广、量大，但由于建筑保护资源的有限性，优先选择价值更高的项目进行保护，导致其他遗产得不到保护。因此，数字化保存和传播文化遗产已成为不可避免的趋势。

数字技术在文化遗产保护领域的应用已经成为一种趋势，特别是三维可视化技术的迅速发展，为数字化保护文化遗产提供了重要的推动力。2009年，国际学术界发布了《基于计算机的文化遗产可视化伦敦宪章》（简称《伦敦宪章》），成为数字时代文化遗产保护领域的里程碑，为跨学科领域的数字化保护提供了权威的指导性纲领。为提高数字遗产可视化技术的严谨性和信息透明度，《伦敦宪章》提出了一系列准则，主要包括：一致性和清晰性、可靠性、材料记录的可持续性以及易于访问性。其中：一致性和清晰性指数字化遗产在可视化过程中应保持一致的风格和清晰的表达方式，以保证可视化效果的统一性；可靠性要求数字化遗产的数据来源应当准确可靠，并且在数字化处理过程中应保证数据的完整性和可追溯性；材料记录的可持续性则要求数字化遗产的材料应当具备长期保存的能力，以保证文化遗产的可持续性；易于访问性则是指数字化遗产应当以易于访问的方式呈现给公众，使更多人可以了解和学习文化遗产，从而推动文化遗产的传承与保护。总之，数字化技术在文化遗产保护中的应用，需要遵循一系列严谨的规范和准则，以保证数字化遗产的可持续性保护和更好地服务公众[9]。

文化遗产数字化保护的一致性准则是文化遗产保护中不可或缺的一部分。只有确保数字化过程中所使用的数据与文化遗产本体相符合，并保证其权威性和可靠性，才能有效地保护文化遗产并促进其传承。这种数字化保护是指应用计算机的数字可视化方法，以保护文化遗产为目的。在这个过程中，所传达的历史信息必须与文化遗产本身一致。同时，文化遗产保护项目所应用的研究来源必须经过相关专家的认可和系统的评估，以确保信息的权威性和严谨性。

数字化保护中的数据应当具有清晰性。在基于计算机的数字可视化虚拟对象中，必须明确展示所使用的技术细节。获取原始数据的过程中，应当建立完善的文件体系和数据库，并对文件内容进行详细标识和准确记录，以用于生成数字化虚拟对象的信息来源。这些数字资产能够为后续的研究提供可靠的数据来源。

为了实现文化遗产数字化保护的一致性准则，需要采取一系列措施。首先，对文化遗产本体进行深入的研究，理解其历史和文化背景，明确其价值和意义。其次，选择合适的数字化技术和工具，确保其与文化遗产本身相容且能够保护其真实性。最后，进行数据管理和维护，确保数字化保护过程中所使用的数据和信息完整、准确和可靠。

数字化保护应当遵循可持续发展的准则。数字可视化的研究成果保存在存储介质中，为防止数字资产的损坏、丢失，应当建立合理的备份机制并确保文件格式长期可用。在数字可视化系统的设计策略上，应考虑后续开发和研究的可能性，以满足不同需求的用户。

易及性是数字可视化系统设计中需要考虑的关键因素，设计应考虑开发目的，确保用户可以便捷地访问和浏览系统和文档，获取所需信息。在文化遗产的数字可视化研究中，应考虑研究成果的应用，以实现文化遗产的精神价值。此外，数字化保护的一致性准则也非常重要，应确保历史信息与文化遗产本体的一致性，并通过专家认可和评估确保信息的权威性和严谨性。数字可视化系统应具有清晰性，包括明确技术细节，建立完善的文件体系和数据库，并对文件内容进行尽可能详细的标识和记录，以提供可靠的数字遗产供后续研究使用。

虚拟现实技术在建筑遗产保护中的应用已成为一种成熟的数字可视化工具，其具有重要的作用。该技术可以将多样化的建筑遗产的历史信息以真实的方式呈现在虚拟空间中，通过先进的计算机图形技术，建筑遗产的空间结构、纹理材质以及光影色彩得以再现。虚拟现实技术为建筑遗产保护提供了一个完整的历史信息保存和呈现的解决方案。在应用于文化遗产保护的虚拟现实系统设计开发中，应当遵循《伦敦宪章》所提出的一致性及清晰性、可靠性、材料记录可持续性和易及性等原则。这些原则有助于确保虚拟现实系统具有完善的技术和功能，能够有效地保存和呈现文化遗产的历史信息，并为广大用户提供良好的用户体验和易于访问的功能。因此，在建筑遗产保护和文化遗产保护的实践中，虚拟现实技术的应用具有广泛的前景和深远的意义。

6.3.2 虚拟现实技术在《古刹视镜》项目中的应用

虚拟现实技术在建筑遗产保护领域有两个主要的应用方向，一个是服务于文化遗产保护的研究者，另一个则是服务于公众和大众传媒。虚拟现实面向学者和专家的应用系统，主要通过整合不同来源的多种信息到虚拟的三维空间中，并与建筑遗产的数字化结构和构件进行关联，为研究者提供一个可视化研究工具。通过虚拟现实技术，研究者可以在虚拟空间中呈现建筑遗产的历史信息，包括空间结构、纹理材质和光影色彩等。虚拟现实技术的应用，为建筑遗产保护提供了一个完整的历史信息保存和呈现的解决方案。

虚拟现实技术在建筑遗产保护领域的另一种应用是通过高度真实的视觉还原建筑遗产，为用户提供沉浸式的交互体验，以传达其历史场景的完整感官体验。这种虚拟现实系统的使用场景主要包括公共展示场所，如博物馆等，以及通过互联网为用户提供简化版的虚拟交互体验。其主要目的是向公众传播建筑遗产的审美价值和精神价值，普及古代建筑的构造特点和传统造物智慧。

虚拟现实技术可以通过对建筑遗产进行高度真实的视觉还原，将用户带入一个沉浸式的体验中。这种体验可以让用户感受到建筑遗产的历史场景和完整的感官体验，从而更好地理解其价值和历史背景。

此外，虚拟现实技术也可以提高建筑遗产的保护和管理效率。例如，通过虚拟现实技术，可以对建筑遗产进行数字化保护和管理，对建筑的细节和结构进行记录和保存，以便于后期的维护和修复。这种技术可以帮助保护建筑遗产的完整性和真实性，防止其遭受自然和人为破坏。

虚拟现实系统的交互性指用户在虚拟环境中对数字化虚拟三维对象进行操控并获得自然反馈的能力。该系统通过友好的交互界面分布在虚拟的三维空间中，使用户能够通过自然的行为动作与交互界面进行信息的交流和沟通。这种自然的交互方式可以呈现建筑遗产所具有的各种信息，如文本信息、数字信息、图形信息、声音信息和视频信息。当虚拟现实系统的界面交互链接与数据库后台进行通信时，虚拟空间中的信息交流将会得到无限的拓展。这种技术在建筑遗产保护领域有着广泛的应用，通过高度真实的视觉还原，为用户提供关于历史场景的完整感官体验。该技术在博物馆等公共展示场所或者通过互联网为用户提供简化版的虚拟交互体验，旨在向公众传播建筑遗产的审美价值和精神价值，并普及古代建筑的构造特点和传统造物智慧。

近年来，虚拟现实技术在工业数字孪生、文化娱乐产业及沉浸式教学等领域开拓出强劲的创新应用市场，加大了对于虚拟现实关键技术的研发投入以满足市场对于用户体验的需求。在虚拟现实关键技术的突破方面，近眼显示、感知交互、网络传输、渲染计算与内容制作是重要的方向。其中，感知交互方面的突破在沉浸式用户体验方面给人留下了深刻的印象。在《虚拟增强现实白皮书》中，内向外追踪技术已全面成熟，手势追踪、眼动追踪、沉浸声场等技术是自然化、情景化与智能化的技术发展方向。手部动作的追踪技术与眼动追踪技术已经日趋成熟，并且应用在多款虚拟现实及混合现实的产品设备中。如HTC Vive Pro及微软的Hololens 2代等产品。同时，虚拟现实领域在感知交互方面的技术突破也为文化遗产传播中的沉浸式交互体验提供了更好的自然交互的可能性。虚拟现实技术已经成为文化遗产数字化传承和创新展示的重要工具，其在感知交互方面的发展将为文化遗产保护与传播带来更多的可能性。

6.4 《古刹视镜》项目中的自然交互

自然交互是一种人机交互方式，其设计旨在利用人类与生俱来的先天表达方式与计算机系统进行信息交流的互动，以提高交互体验和信息传播效率。用户在自然交互中可以通过肢体动作、手势动作、语音等方式自然地与计算机系统进行通信，并达成信息交流的目的。在这种理想的交互状况下，计算机系统会利用多种类型的传感器捕捉用户的自然动作行为，并尽可能地弱化用户对交互系统设备的感知。

与传统交互方式不同，自然交互不需要用户操作外部的硬件设备，也无须学习任何命令或操作流程，即可完成与计算机系统的信息交流目的。用户在自然交互过程中可以通过手部动作的触摸、指向、抓取及操纵某个物体，或者通过视线的扫描及注视，或者通过语言向系统发出指令或进行询问并得到明确的语言信息反馈与计算机系统进行交互。

6.4.1 《古刹视镜》中自然交互的设计策略

自然交互系统的设计注重应用人类先天和本能的表达方式与计算机系统进行信息交流的互动，以实现更为自然、高效和无缝的人机交互体验。通过自然交互，用户可以更加轻松自如地与计算机系统进行交互，并且可以更加直观地理解计算机系统所提供的信息内容，从而提高信息传播的效率和质量[10]。

随着感知交互关键技术的发展，自然交互设计的开发策略也在不断探索和完善。针对虚拟现实系统，自然交互设计应着重考虑以下两点：首先，避免使用用户不熟悉的手势或肢体动作来丰富交互语言。虽然复杂的体感动作能为用户带来丰富的交互体验，但如果这些动作缺乏与所表达信息在语义上的关联或脱离用户日常肢体语言表达方式，将违背交互自然性，反而使用户获得不自然的交互体验。其次，交互系统的信息视觉元素应与三维场景更多地结合，避免不必要的界面元素如菜单图标的过度使用。虽然文字、图形、菜单图标等视觉化元素可以增加交互过程的准确性和信息表达，但同时也会降低交互的直接性，导致三维数字内容与界面元素之间在视觉上产生冲突。因此，在自然交互设计中，设计者应注重交互自然性和直接性的平衡，以提高用户的沉浸式互动体验。自然交互设计应注重提高交互的自然性和直接性，使用户可以通过肢体动作和语言等自然的交互方式与计算机系统进行互动。同时，交互系统中的信息视觉元素也应与场景相融合，以提高交互的沉浸式体验[11]。

数字化技术已经成为建筑文化遗产传播的重要手段，将受众带入数字化的三维空间中，让其了解建筑遗产的时间属性、空间属性、营造技术属性和社会文化属性。在这个过程中，需要应用数字化三维模型、图像、视频和音频等信息类型，将建筑遗产的历史信息依附于空间形态进行传播。用户可以在虚拟空间中以自主的行为对历史信息进行访问和检索，而这些信息分布于空间中的三维模型对象上，形态多样，信息架构的模式则依据建筑遗产的属性而联结起来。

虚拟现实系统中如何实现自然交互是数字化传播需要解决的重要问题，而感知交互技术的发展为这一目标提供了可靠保障。在本课题中，研究团队应用了HTC Vive Pro的眼动追踪模块和手部动作追踪技术，开发了一个古建筑虚拟交互展示系统"古刹视境"，旨在探索虚拟现实系统中自然交互的设计策略。

通过"古刹视境"这个案例，我们可以了解到虚拟现实系统中的自然交互设计应考虑用户行为模式，以及如何在空间形态中将历史信息与建筑遗产的属性相联结。在这个系统中，用户可以自由移动、旋转、缩放建筑模型，以及通过手势与视线操控系统，实现信息检索、拖曳和展示等操作。这种自然交互方式使得用户与系统之间的交互更加流畅和高效。同时，系统也采用了多媒体信息展示方式，使得建筑遗产的属性得以完整呈现，包括历史文化背景、营造技术和建筑空间等方面，进一步加深了用户对于建筑文化遗产的认识和理解。

6.4.2 眼动追踪在《古刹视镜》中的应用

视觉注意是研究人类认知方式的重要途径之一，而在视觉认知的过程中，人类往往会将视线聚焦在某个较小的区域，视觉感知最为清晰的地方便在该区域内，而视线聚焦之外的区域视觉感知则相对模糊。沉浸式虚拟空间交互中，用户通过视觉获取外部信息，注意力也会集中在视线聚焦点附近。在VR头盔中，通过眼动追踪模块连续地获取用户的视线聚焦点，同时识别出用户的视觉注意中心，从而实现对用户意图的识别与响应，完成整个交互过程[12]。

眼动追踪技术在VR头盔等虚拟现实设备中得到了广泛的应用，并在提高虚拟现实交互自然度和便捷性方面发挥了重要作用。VR头盔采用的技术路径通常是光学传感器加计算机视觉算法相结合。具体而言，VR头盔内置的红外光传感器会以超高频率向眼球发射红外光，而这些红外光会在眼球角膜上反射，产生普尔钦斑。普尔钦斑是一种反射现象，其特征为在眼睛角膜上出现一颗亮点。VR头盔内置的红外传感器能够实时追踪这些普尔钦斑，并结合摄像机传感器对反射光进行计算机视觉分析，从而得出佩戴者的注视点的移动轨迹。在此期间，由于人类无法感知红外光，因此用户在体验过程中并不会受到红外光影响[13]。

通过眼睛注视点的移动、凝视、眨眼等动作完成最为简捷自然的交互流程。眼动追踪技术的应用可大大提高虚拟现实交互的自然度和便捷性。在古建筑等领域的应用中，将眼动追踪技术应用于虚拟展示系统中，可实现用户与虚拟空间中的建筑遗产进行互动，使用户更好地理解其时间属性、空间属性、营造技术属性以及社会文化属性，从而更好地保护和传承这些文化遗产[14]。

6.4.3 手部动作追踪在《古刹视镜》中的应用

人类的双手不仅可以完成各种复杂精细的动作，还可以传递丰富的信息。在虚拟交互系统中，裸露的双手成为最自然的人机交互方式之一，用户可以通过抓取、指向、触摸、操纵等手部动作行为完成对虚拟空间的交互指令输入。虚拟现实头盔前部设置了两个前置摄像头，通过捕捉不同角度的画面，交互系统可以构建出双手在空间中的结构特征，并计算出手掌及五个手指关节的运动信息，从而实现对手部动作的连续追踪。这种交互方式具有高度的自然性和便利性，可以提高用户对虚拟交互系统的使用舒适度和满意度。

6.5 《古刹视镜》沉浸式交互体验设计

6.5.1 沉浸式交互场景的搭建

本研究成功地开发了一种基于自然交互的建筑遗产虚拟现实系统，并以惠山古镇的建筑遗产为例进行了应用研究。该系统应用了最新的VR交互技术，着重实现了建筑遗产的沉浸式体验。在设计开发中，课题组采用了HTC Vive Pro的眼动追踪技术和手部动作追踪技术，实现了眼动交互和手势交互的信息互动方式。在沉浸式场景中，通过减少交互路径，用户得到了更好的交互体验。

针对惠山古镇建筑的实地测绘和文献收集整理，课题组使用倾斜摄影测量技术进行了数字化重建。金莲桥、金莲池、御碑亭及御碑等文化遗产得以高精度地进行了三维数字化重建，同时在Unity中实现了光影及材质的真实再现。通过仿照金莲桥周边植被与地形，课题组成功实现了金莲桥及御碑亭附近的建筑文化遗产原貌的数字化重建。

在制作过程中，课题组采用了多边形拓扑、光影渲染烘焙、注视点渲染等技术，对项目进行了优化，确保VR系统的流畅运行。经过课题组的精心设计和开发，该虚拟现实系统为用户提供了更加真实的建筑文化遗产沉浸式体验。

该VR系统提供手柄控制功能，用户可在场景中移动和观察。绿色圆点引导用户交互，提升沉浸感和参与度。

6.5.2 基于眼动追踪的交互体验

在这个实践项目中，我们使用了HTC VIVE PRO硬件设备，并基于HTC VIVE官方提供的SRanipal SDK包实现了眼动技术。同时，我们使用了Steam官方提供的SteamVR SDK开发了虚拟现实中的基础功能。

SDK是由引擎厂商提供的一组工具、库和文档，它的作用是帮助开发者更轻松地开发基于该引擎的应用程序。SDK可以包含用于编译、调试和测试代码的工具，以及用于访问引擎中的API和其他特定功能的库。在这个实践项目中，我们利用SDK提供的功能，实现了对用户眼动数据的访问，从而实现了更具交互性和沉浸感的虚拟现实应用。

我们将SDK接入到了Unity中，可以在开发引擎中获取体验者实时的眼动信息，包括注视点、瞳孔大小和眼部动画等。这些信息可以帮助我们更好地理解用户的注意力和行为模式，从而优化虚拟现实应用的交互设计。眼动技术在虚拟现实领域的应用越来越受到重视。通过使用SDK和开发引擎，开发者可以更轻松地实现对用户眼动数据的访问和分析，从而提高虚拟现实应用的交互性和沉浸感。未来，我们可以期待更多创新的虚拟现实应用，它们将基于眼动技术和SDK提供的功能，提供更加真实和精准的交互体验。

6.5.3 基于自然交互的功能设计

眼动追踪交互功能设计

在《古刹视镜》虚拟交互系统中，通过设置眼动交互UI，并将其分为默认、注视中、注视中断三种状态，实现了与用户视线交互的效果。当用户注视图标时，图标进入激活状态，播放激活动画，用户保持注视一段时间后即可获得相应交互信息反馈；若注视点离开图标，则返回默认状态。在应用这种眼动交互模式的过程中，用户可以通过注视金莲桥的某一个部件3秒钟来获得该桥梁构件相关结构的信息。在金莲池莲花的上方设置了几个浮动的图标，用户注视某个图标便可获得与金莲桥历史背景相关的语音讲解。此外，在与御碑亭相关的虚拟交互设计中，眼动追踪的自然交互方式也被应用。当用户注视御碑亭碑文诗句时，被注视的诗句按照阅读顺序，自上而下、从右至左的顺序依次高亮激活，并在一旁出现对应诗文解读；长时间不被注视的诗句注释将会被取消。

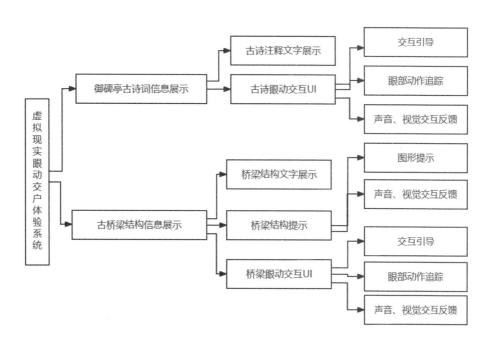

图6-1 虚拟现实眼动交互体验应用系统功能框架图

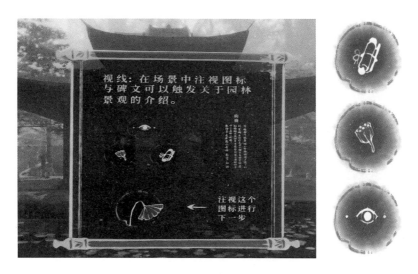

图6-2 眼动交互界面示意图

　　眼动交互的方式更加贴近用户无意识的行为习惯，在阅读的过程中，无意识地增强交互的反馈感和趣味感。与现实中阅读古文的实际体验相似，用户在眼动交互中获得的信息反馈与现实体验不谋而合。因此，应用眼动追踪的自然交互方式可以提高用户体验和参与度。此外，眼动追踪技术也可以用于研究用户的认知和行为模式。通过分析用户注视的位置和持续时间，可以了解用户的注意力分配和信息获取方式[15]。

图6-3　虚拟现实系统运行截图

手部动作追踪交互功能设计

　　用户进入石桥拆解模块时，需要参考完整的全息桥梁三维模型，使用手部动作追踪的方式，将石梁桥结构中的石墩、石板、石梁、望柱、抱鼓石、螭首等结构依次拿取、旋转、拼接，直至组成完整的石梁桥结构，达成目标。在此过程中，每个单独的桥梁拼接完成后，系统会给予正向的交互反馈，如愉快的音乐、对应的图像和文字信息。

　　手部动作追踪技术方案是一种可以模拟各类复杂人手动态的自然交互模式，可实时映射用户的手部动作到虚拟空间中，使用户获得更为流畅和沉浸式的交互体验。通过针对不同的交互对象结构实现更为匹配和拟真的手部动作交互，例如对望柱使用"握"的手部动作，对石板使用"捏"的手势等，用户可以更加自然地与虚拟世界中的物体进行交互。同时，系统还采用眼动追踪技术和语音模式，对用户进行交互过程的提示和建筑遗产相关信息的表述，避免用户在虚拟环境中阅读大段的文本信息。相关语音信息会随着用户在虚拟场景中位移到特定的区域而出现，配合眼部及手部的自然交互过程，也会在特定的交互环节出现语音信息的提示及内容表述。这种自然交互模式拉近了真实世界里人与虚拟世界中物的距离，为用户带来更加真实的感知体验。

　　本研究通过虚拟现实技术和自然交互设计理念，构建了高保真虚拟场景和丰富的历史文化信息数据库，提供了深入了解惠山古镇文化遗产的机会，同时为今后文化遗产信息传播的设计提供了新的思路和经验。虚拟交互系统以惠山古镇的金莲桥和御碑亭为案例，探究了虚拟现实技术中最新的眼动和手部动作追踪技术在文化遗产信息传播中的应用模式。该研究基于高精度三维数字化重建，应用Unity引擎的高清渲染模式构建出古建筑及其周围环境的高保真虚拟场景，并建立了相关的历史文化信息数据库，包括图形、文字和语音等多种形式。用户能够在沉浸式的虚拟场景中深入了解建筑遗产的空间构造和历史文化信息。

本研究还针对以往文化遗产的虚拟现实演示系统中存在的互动体验单一和可传播信息量较少等问题，应用自然交互的设计理念，探索了在沉浸式三维虚拟空间中丰富用户交互体验和提高信息传播效率的模式。研究结果为今后面对更为复杂的文化遗产信息传播内容提供了新的设计思路，并积累了探索的经验。

6.6 《古刹视镜》虚拟交互系统的眼动交互用户体验研究

6.6.1 眼动交互实验概述

数字时代的今天，文化遗产的展示和传播过程中虚拟现实等新一代数字可视化呈现方式得到了广泛的应用，沉浸式的交互体验对于历史信息的诠释以及文化遗产精神价值的传播都发挥了重要的作用。在虚拟现实交互系统中眼动追踪作为一种全新的交互模式，其体验特征有待进行深入的研究。本课题通过5组实验对比了眼动追踪交互模式和传统的手柄交互模式中用户行为的准确性、任务执行的效率以及用户的主观体验等指标，对眼动追踪交互模式的可用性及易用性进行了研究。结果表明在文化遗产数字化传播和保护领域，在阅读及搜索等交互任务中眼动追踪的交互模式具有更自然的交互体验和快捷的交互效率；同时眼动追踪的交互设计中需要考虑用户的认知规律和行为习惯。根据实验结果本文提出了眼动追踪的交互设计策略，为文化遗产的数字化传播与研究提出了用户体验设计优化建议，为眼动追踪相关的人工智能研究提供了有价值的数据支持。

6.6.2 眼动交互的发展现状

视觉是人类获取信息的主要通道，在自然交互中眼睛具有重要的作用。人类通过视觉认知事物、感知环境并传递情感。眼动追踪技术通过追踪眼球上瞳孔的动态过程，能够准确地获取人在对周围环境认知过程中的注视焦点的空间坐标，以及视线在特定物体上的停留时间，对于研究人类视觉认知的特征具有重要的价值[16]。

人的视觉注意力是通过眼球转动实现的，准确地追踪眼部的动作能够反映出人在环境感知过程中对于特定对象的关注[17]。人的单眼水平视角最大为150°，双眼水平视角最大为188°，在双眼水平视角范围内对影像感知的清晰度和敏感程度是不同的，视网膜上成像最清晰的中央凹只能提供2°的视角范围。在对环境的认知过程中，人的眼球快速的运动扫视环境以确定感兴趣的视觉对象。当特定的视觉影像较长时间地停留在视网膜的中央凹区域，这一过程被定义为视觉注视。视觉注视的停留时间最少为50

毫秒，典型的注视时间为200毫秒至300毫秒[18]。通过眼动追踪所获取的人的视觉注意对象信息能够反映出人的认知过程和意识的倾向。

眼动交互技术最初应用于战斗机驾驶员的武器瞄准系统，之后也应用于残障人士作为信息输入的手段以弥补身体其他功能的缺陷。近年来随着HMD技术的发展，集成了眼动追踪模块的XR设备更多地出现在虚拟现实和混合现实的交互应用领域中，例如，HTCViveEye、HoloLens2、MagicLeap One和FOVE。技术的进步及日益普及为眼动追踪作为新型的自然交互方式提供了更多的应用情景。在VR头盔中通过眼动追踪模块连续地获取用户的视线聚焦点，在视线聚焦点周围则是用户的视觉注意中心。在这一区域实现交互指令的输入并获取系统输出的信息，从而完成整个交互行为的过程。通过眼睛注视点的移动、凝视、眨眼等动作完成最为简捷自然的交互流程[19]。

眼动追踪交互作为一种自然交互方式引起了一些研究人员的关注，从20世纪80年代起就不断有研究团队展开眼动追踪相关的研究课题。近年来随着xr硬件设备的成熟，更多的试验项目针对眼动追踪的交互模式展开了研究。Jonas Blattgerste, Patrick Renner, 使用(VR/AR)头戴式显示器比较了通过头部注视和通过眼睛注视对目标物体进行搜索和选择，实验结果表明在任务执行的效率以及用户的使用偏好等方面，使用眼睛的凝视要优于使用头部动作的凝视，另外随着观察角度的扩大眼睛注视的优势进一步增强[20]。Mikko Kyto、Barrett Ens研究了在增强现实（AR）可穿戴显示器上使用头部运动和眼睛凝视的精确的多模态选择技术，在研究案例中设计了三维空间中布局的菜单系统，通过对指向精度和速度的比较揭示了每种方法的相对优点[21]。在Shahram Jalaliniya、Diako Mardanbeigi等人的实验结论指出，眼动追踪的指向效率明显快于头部或鼠标指向，但是该实验的被试人员主观体验却认为头部指向更为准确和方便[22]。在另外一些研究课题中眼动追踪交互模式被应用于博物馆展示及智能制造等不同的领域。Galais T、Delmas A研究了将眼动追踪和手部动作追踪等自然交互模式应用于博物馆展示的可能性[23]。Gao Z、Li J, Dong M在研究课题中提出了应用于虚拟车间的3D眼动交互技术框架，并通过一个应用实例的开发验证了该框架的可行性[24]。Pastel. S.、Marlok. J.、Bandow. N.探讨了眼动追踪用于提高未来体育训练场景中的可用性、交互方法、图像呈现和视觉感知分析。Joo. H. J、Jeong. H. Y研究了眼动追踪交互应用于儿童教育VR系统的交互模式和用户体验，在实验案例中验证了基于眼动追踪的UI系统的可行性[25]。Gyula Voros、Anita Verő、Balazs Pinter设计出了一种采用眼动追踪技术的智能穿戴工具，用以帮助残疾人士输入信息并与他人进行沟通，研究结果表明，这样的系统可以显著提高SSPI患者的沟通效率[26]。

综合分析目前已有的研究成果，在HMD中应用眼动追踪技术作为交互手段主要有三个类别：第一类是用户通过眼动追踪完成视觉认知过程中的指向和选择行为，其作用类似在桌面交互系统中使用鼠标对UI系统的操作；第二类是系统通过收集和分析用户视觉注意焦点的意图，从而调整系统的信息呈现内容和布局形式，在此过程中用户无须主动触发信息的调整；第三类眼动交互的应用研究是面向多人协作的虚拟现实交互应用，眼动追踪所反馈的视线关注状态用于提高交流过程中的情感体验[27]。

本研究课题侧重于用户通过眼动追踪主动地与计算机进行信息交流，这种交互方式是人机交互领域中一种新的自然交互模式。显式凝视输入作为用户的信息输入方式以完成特定的交互任务，这种交互模式应用于与视觉有关的交互事件具有直接高效的特性。已经有多个团队通过实验验证了显式凝视输入的可用性。在以往的研究中，一些学者和团队针对应用眼动追踪完成交互过程中搜索、指向及选择的交互行为所作出的研究结论，更多是在10年以前使用早期的设备完成的测试。近年来眼动追踪设备的采样精度和HMD的显示输出效果都得到了极大的提升，眼动追踪交互的用户体验从硬件上得到了改善，而交互模式的可能性和用户体验中的问题还有一些悬而未决的问题。例如，使用眼动追踪作为交互输入的最常见问题是Midas Touch，即视线的无意注视行为触发了不希望出现的交互反馈，从而影响了交互体验。在已有的实验中应用视觉注视的停留时间能够有效地解决Midas Touch问题，但同时也会增加交互时间的延迟和用户的疲劳[28]。我们观察到：使用HMD的眼动交互和其他交互模式的对照实验中有着不一致的结论。

6.6.3 眼动交互中的认知行为分析

在应用于建筑文化遗产保护领域的虚拟现实交互系统中，用户的交互行为主要是浏览及搜索分布于三维空间中的建筑物及其组成结构，并依据特定的建筑结构获取相关的附加信息。在这种三维空间的信息获取和交互过程中与视觉相关的行为可以分为以下几种类型：

无目的浏览：在这种模式下，用户没有明确的交互任务，视觉注意在场景空间内大范围地移动扫视，视觉关注的焦点更多会集中在个人感兴趣的空间对象上。因此在无目的浏览中对用户的视觉关注焦点进行采样并保存其坐标信息，通过对视觉关注焦点在虚拟场景中的空间分布进行分析，能够评估用户的视觉偏好[29]。

有目的搜索行为：依据交互任务有目的搜索行为，用户明确目标对象的形态、体量及色彩等特征，但是不确定搜索对象的空间位置。这种交互模式下能够反映出用户体验的是：搜索过程所用的时间和交互任务执行的效率[30]。

动态的跟踪行为：用户的视觉注意捕获空间中的连续运动物体，并将视觉注意焦点锁定在运动的物体上保持一段时间。动态跟踪行为的眼动追踪效果指标是视觉注意焦点在运动过程中的稳定性，具体表现为视觉注意焦点连续在运动物体上所持续的时间[31]。

阅读行为：用户的视觉注意集中在空间中有序分布的文字及图形符号上，按照图形及文字的语义逻辑获取相关的信息。阅读行为需要用户保持视觉注意力在特定的符号对象上，视觉注意焦点按照语义逻辑有序地移动。在眼动追踪中阅读行为的指标表现为视觉注意焦点的精准对位，并在阅读过程中平滑地跟随眼球的运动，系统能够及时地反馈阅读所需的注释内容[32]。

UI界面的操控行为：用户通过视觉注意焦点选择虚拟空间中的用户界面，完成对用户界面中特定图标的选择及确认，以触发图标所对应的交互功能。这一过程中与交互体验相关的视觉感知因素表现为用户界面中图标的相对尺寸，以及视觉焦点停留在图标上以激活特定功能的时间[33]。

以上5种HMD中的眼动交互行为在认知心理学中都属于外显性注意，即通过眼动来实现的注意转移。眼动交互中的搜索行为、动态跟踪行为、阅读行为和UI界面操控行为都是用户有意识地决定注意分配，属于内源性注意。影响这些交互行为的因素一方面取决于硬件的精度和采样频率，另一方面取决于用户使用HMD中的眼动交互设备进行视觉认知的行为特征和行为习惯。

本课题对眼动追踪交互中的以下问题展开了研究：

1.在建筑空间环境的尺度下，目标对象的尺寸比例对眼动追踪交互模式可用性的影响。

2.眼动追踪在完成对目标对象搜索、指向和选择过程中与传统的手柄交互方式在执行效率和用户体验方面的比较分析。

3.眼动追踪对连续运动的物体进行平滑跟踪过程中稳定性的评估。

4.在眼动追踪交互中应用停留时间实现对目标物体的选择，其中时间因素的长短对用户体验的影响。

5.在高保真的建筑遗产空间展示场景中，分析使用眼动追踪的交互方式进行信息的呈现的交互效率与用户体验，并使用眼动追踪的数据对用户在虚拟场景中的注意偏好进行分析。

6.6.4 眼动交互实验设计

在本课题的研究中邀请了64位被试者进行眼动交互的用户体验测试，其中32位被试者安排进行眼动追踪交互模式的测试，另外32位安排进行VR手柄的交互模式测试，两组测试内容及虚拟场景完全一致。课题组在实验中观察并记录被试者的交互任务完成状态，每位测试人员在完成VR交互体验后需要填写一份用户体验评价量表。课题组根据测试过程中所记录的完成情况数据以及用户体验评价量表所反映出的用户主观体验数据，评估眼动追踪交互系统在文化遗产信息传播中的应用价值，并对虚拟现实中的眼动追踪交互系统的设计提出优化的方案。

在眼动追踪交互模式的实验中我们使用HTC ProEye作为主要的测试设备，该型号的HMD内置了由Tobii提供支持的眼动追踪交互方案。HMD中内置的眼动追踪系统由眼动仪摄像头、近红外照明光源和眼动追踪算法组成，在系统运行过程中用红外线照射用户的眼睛，高分辨率红外线摄像头拍摄并记录用户眼球的运动过程，通过特定的图像算法分析用户眼睛角膜反射的图像特征，基于所拍摄的影像计算出用户眼睛虹膜的中心位置，根据虹膜中心与角膜曲率中心共同确定人眼的光轴方向，最后根据人眼的3D模型计算出人眼的视线方向。HTC ProEye的眼动模块结构如下图所示。

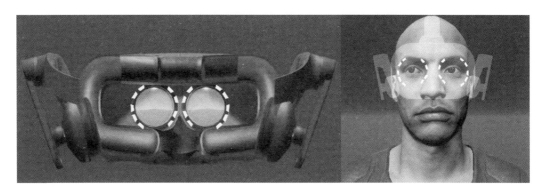

图6-4　HTC ProEye的眼动模块结构

为了研究文化遗产传播中的眼动追踪交互模式，课题组在Unity中构建了一个三维的虚拟场景，这个虚拟场景再现了惠山古镇地区的一座宋代的石桥和一个有着乾隆书法的御碑亭。被试者将完成在该场景中的两个交互任务，一个是探索石桥的结构，另一个是阅读御碑上的乾隆题字。为了对眼动交互模式的用户体验特征有更加深入的研究，另外构建了4个独立的三维空间眼动交互测试，分别对眼动交互的识别精度、追踪的稳定性、交互效率以及交互反馈体验等方面展开实验。

为了追踪用户在虚拟现实交互场景中的眼球注视方向和视觉焦点，我们在unity中使用了HTC所提供的眼动追踪SDK，在此基础上进行了进一步的编辑修改，准确地获得了用户在虚拟场景中的视觉焦点坐标。我们在虚拟场景中代表用户眼睛的第一人称相机上向前方投射出一个虚拟的射线，该射线位于左眼和右眼的中间模拟人眼的注视方向，随着系统所追踪的眼球转动射线产生同步的角度变化。这条射线与场景中的三维实体产生碰撞，获得在三维实体上的交点坐标。我们所编写的程序能够记录射线与三维实体产生碰撞的时间，并对碰撞交点的坐标进行每秒10次的采样，这些数据都实时地记录在Csv表格中，以供后期进行数据分析。

作为虚拟现实眼动交互测试的对照组，我们使用HTC VIVE的手柄交互模式在虚拟场景中完成同样的交互任务。在右手的手柄上向正前方投射出一条虚拟的射线，该射线同样与场景中的三维实体产生碰撞，与眼动追踪中的射线具备同样的功能。

HTC ProEye内置的Tobii的眼动追踪组件，对眼动追踪的视线夹角精度为0.6°，设备的采样频率为50赫兹，这样的眼动追踪精度已经能够满足HMD中的交互行为。

眼动追踪技术	角膜反光，暗瞳，立体几何
双目眼动追踪	是
采样率	50 赫兹或 100 赫兹
校准程序	单点矫正
精度	0.6°
视差补偿方式	自动
滑移补偿	是，采用 3D 眼球追踪模型
瞳孔测量	是，采用绝对度量
凝视恢复时间	1 帧（即时）
眨眼恢复时间	1 帧（即时）

表6-1　Tobii眼动追踪硬件参数

实验设计的目的

本研究课题基于以上的HMD眼动追踪交互中的行为分析，针对文化遗产信息传播的应用我们设计了几个实验场景，通过实验研究在HMD的虚拟环境下的眼动交互控制过程中可交互元素的比例尺寸、搜索选择的效率、视觉焦点跟踪的稳定性，以及影响交互易用性的相关因素。本研究通过7个分项的用户测试，评估眼动交互模式在复杂的文化遗产数字化保护场景中的可用性及用户体验。

实验设备及被试

本实验采用HTC Vive Eye作为HMD设备，其视角范围为110°，刷新频率为60赫兹，实验所配备的计算机硬件参数如表6-1所示。实验所招募的被试人员共有64人（其中男性38人，女性26人），被试人员的年龄在21—26岁之间。所有被试人员均具有正常的视力，没有色盲色弱等。被试人员从江南大学的本科生和研究生中招募，他们的学习背景分布于7个不同的专业，并对虚拟现实交互方式具有较高的兴趣，大部分被试人员之前没有充分的VR方面的体验。64名被试人员被分为两组，其中一组以眼动交互方式测试交互内容，另一组使用HTC的手柄完成相同的交互任务。

实验系统及环境

本实验基于unity2020版HDRP渲染管线开发，测试系统的开发中应用了HTC的眼动追踪开发组件Vive-SRanipal-Unity-Plugin。5个分项测试内容的虚拟场景宽度为18米、长度为12米、高度为8米，这个测试环境的空间尺度比较符合大多数建筑文化遗产的空间特征。在虚拟场景中被试人员与眼动追踪的交互对象距离为7米，可交互对象主要出现在被试正前方110°的可视范围之内。测试的虚拟场景如下图所示。

图6-5　眼动追踪测试的虚拟场景

6.6.5 眼动交互实验流程

在进行实验流程之前，首先是每位被试人员进行HTC的眼动追踪的设备校准。在HTC Vive Eye的内部有红外摄像头识别眼球的位置，校准的流程中第1步是调整设备在头部佩戴的方式，匹配眼睛与眼动追踪设备的相对位置，然后是调整设备目镜的瞳距。接下来在校准程序的引导下用户依次注视在前方出现的5个小球，系统根据眼球运动的过程影像完成眼动追踪设备的校准过程。

在被试人员招募过程中，我们了解到大部被试人员没有HMD的使用经验，因此，我们设计了一个教学场景，每位被试人员在进入正式实验环节之前先使用教学场景熟悉HTC Vive Eye这个型号设备的使用，适应沉浸式虚拟交互场景的视觉体验。在教学场景中用户在语音提示的引导下熟悉使用HMD设备的手柄在场景中移动切换视角的方法，同时有一个绿色圆点提示用户视线焦点的实时位置，适应眼动追踪的空间体验。我们给每位被试人员10—15分钟的时间，以适应在沉浸式虚拟空间中眼动追踪设备的使用。

实验的第1个场景中，被试人员站立在虚拟场景的中央位置，在距离被试人员7米的前方依次出现6个小球。系统出现语音提示，要求被试人员注视每个小球5秒钟，期间视线不离开小球。6个小球的直径依次为200毫米、300毫米、450毫米、675毫米、1010毫米、1520毫米，小球的直径是以150%的比例递增。这项实验的目的是观察人的视觉注意焦点在眼动交互对象上停留的稳定性，这种稳定性是以视觉焦点在空间中不同比例尺寸的物体上所停留的时间来衡量的。

实验结果

通过对32名被试者在目标物体上视觉焦点停留时间的采样结果计算，我们得到以下有效数据。

任务时间

32名被试者在6个不同尺寸的目标对象上视觉停留时间的平均值如图所示。

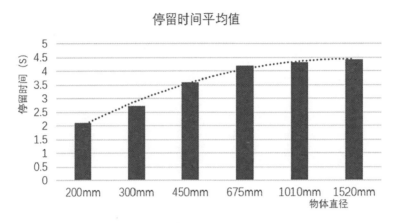

图6-6 视觉停留时间的平均值

	平均值	偏差	标准误差	BCa 95% 置信区间	
				下限	上限
200mm	2.114491	−0.003513	0.113065	1.90298	2.325453
300mm	2.733325	−0.005568	0.167675	2.38661	3.035523
450mm	3.605413	−0.000962	0.094414	3.399281	3.78929
675mm	4.197513	−0.000097	0.033092	4.137535	4.263341
1010mm	4.323156	0.000421	0.040898	4.247594	4.403854
1520mm	4.434822	0.002903	0.053335	4.322709	4.54959

表6-2 实验1数据结果

随着6个目标对象的尺寸增加，被试者的视线焦点停留在小球上的时间呈明显的增加趋势，目标对象的直径达到675毫米，视线停留的时间呈平稳趋势。综合人在注视对象上停留的稳定性及可交互对象在虚拟场景中信息分布的构图关系，在距测点7米的距离上675毫米左右的尺寸是一个较为稳妥的比例。根据675毫米球体直径与观测点距离7米之间的比值关系，可以推算出目标对象的尺寸为视线夹角的5.5°左右。

在实验2中，眼动交互测试组和手柄测试交互组完成同样的交互任务。距离观测点7米的墙面上依次出现10个直径为700毫米的球体，眼动交互组要求被试人员以视觉注视出现在桥面上的球体，球体被视线注视后立即消失并在下一个位置上出现另一个球体。手柄交互组要求测试人员以手柄发出的射线瞄准墙面上出现的球体，射线触碰到球体后球体消失并在下一个位置出现另一个球体。

在实验过程中系统自动记录了被试人员使10个球体依次消失的总时间，眼动交互测试组平均用时15.6秒，手柄交互测试组平均用时14.5秒。经过独立样本T检验的数据分析，两组被试人员的平均用时没有显著的差异（F=11.253,P=0.259,P<0.05）。这一结果表明眼动追踪模式在搜索并瞄准目标对象的效率上与传统的手柄交互模式相比没有明显的区别。

组统计				
组别	个案数	平均值（秒）	标准差	标准误差平均值
1	32	15.62398750	3.268608794	0.577813861
2	32	14.49006250	4.579679854	0.809580670

表6-3　实验2结果数据

实验3也是两组被试人员的对照测试。在与之前相同的场景中，观测点正前方的墙面上出现一个直径1米的球体，该球体从左向右进行匀速的平滑曲线运动，球体运动的距离为15米，运动的时间为7秒。眼动测试组要求被试人员，以视线注视球体的运动，尽量保持视线焦点在球体上。手柄测试组要求被试人员以手柄的射线追踪球体的运动。每个被试人员被要求重复3次追踪球体的运动。

系统自动记录7秒钟内视线焦点和手柄射线落在球体上的总时长，并计算出每位被试人员3次的平均时长。眼动交互组的平均时长为4.7秒，手柄交互组的平均时长为4.26秒，独立样本T检验的数据分析显示两组的平均时长存在较为显著的差异（F=0.247,P=0.023, P<0.05）。实验结果表明眼动追踪对于运动目标对象的连续跟踪具有更好的稳定性。

组统计				
组别	个案数	平均值	标准差	标准误差平均值
1	32	4.71180000	0.820312214	0.145012082
2	32	4.25580000	0.739183598	0.130670434

表6-4　实验3结果数据

在实验4中，实验场景前方的墙面上出现16个直径700毫米的球体，系统随机选择某一个球体使其出现绿色与橘色的交替闪烁，眼动交互测试组要求被试者以视线注视闪烁的球体，保持一段时间后球体自行消失。该实验主要测试眼动交互中用于交互反馈的凝视停留时间，实验中设置了6个凝视停留时间分别为0.25秒、0.5秒、0.75秒、1秒、1.25秒和1.5秒，时间的设置以0.25秒递增。

实验过程中系统记录下两组数据，其中一组是被试人员在完成一个球体的交互反馈过程中错误地激活其他球体使其消失的次数，另一组数据是完成一个交互反馈中视线离开目标对象使交互反馈中断的次数。

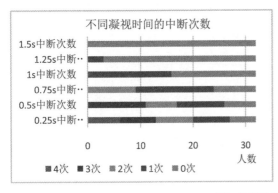
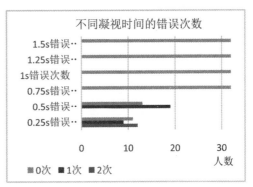

图6-7 实验4数据对比

从图表中的数据可以看出，凝视时间的长短与交互过程中发生的中断和错误的次数具有显著的关系。凝视时间为0.25秒时所发生的交互反馈中断和误操作的次数都较多，随着凝视时间的增加情况得到明显的改善。当凝视时间增加到1.25秒，在32名被试人员中只有3人发生了1次交互反馈的中断，继续增加凝视时间到1.5秒就没有发生交互反馈中断了。交互测试中的误操作主要集中在0.25秒和0.5秒的凝视时间中，凝视时间为0.75秒以上就没有发生误操作了。根据以上数据判断：1秒到1.25秒的凝视时间是综合交互反馈效率和用户体验的恰当凝视时长。

在第5项实验中，眼动交互测试组的被试人员被要求从前方墙面上随机分布的16个几何体中找出形状不同的一个物体。16个几何体的散布范围在视线的115°夹角之内。这一交互任务有两种模式：第一种模式中当被试人员的视线接触到其中的几何体，该几何体会呈现高亮显示；第二种模式中被试人员的视线接触到几何体不会有高亮显示。本实验的目的在于：通过对比测试研究视线接触的反馈提示在眼动交互过程中对用户搜索和指向行为的影响。当被试人员搜索到形状不同的几何体后注视该物体1.2秒钟，该物体消失并提示完成测试任务。实验中要求每位被试人员完成3次同样的交互测试任务，系统计算出3次任务所完成的平均时间。

32位被试人员的测试结果显示，在眼动交互过程中有视线接触反馈提示的交互任务中搜索和指向的执行效率要明显高于没有视线接触反馈提示的交互任务执行效率（$F=0.665, P=0.004, P<0.05$）。

组统计				
组别	个案数	平均值	标准差	标准误差平均值
1	32	1.58333437	0.667851749	0.118060625
2	32	2.07290313	0.622130273	0.109978134

表6-5　实验5结果数据

在第6项实验中，课题组完成了一个基于自然交互的建筑遗产虚拟现实系统，其侧重于将最新的 VR 交互技术应用于建筑遗产的沉浸式体验。在沉浸式场景中，实现了眼动交互的信息互动方式，目的是减少交互路径，给用户提供了更好的交互体验。在对惠山古镇建筑进行实地测绘及文献的收集整理后，应用倾斜摄影测量技术，将金莲桥、金莲池、御碑亭及御碑进行了高精度的三维数字化重建，并仿照金莲桥周边植被与地形，在 Unity 中高保真地还原了金莲桥及御碑亭附近的建筑文化遗产原貌。金莲桥及御碑亭高精度三维重建见下图。

图6-8　金莲桥及御碑亭高精度三维重建

用户进入 VR 系统后，可以通过使用手柄实现在场景中的移动和细节观摩。屏幕中绿色的圆点是用户的视线在场景中的落点，它将引导用户完成一系列的信息交互体验。课题系统交互流程见图：

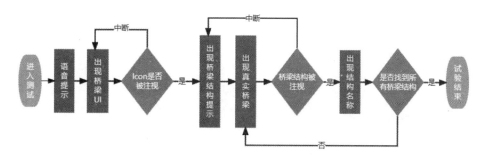

图6-9　桥梁结构的实验系统交互流程

在实验场景中，要求眼动交互测试组被试人员完成两项交互任务。第一项为在系统的提示之下用眼动追踪搜索并选中7个特定的桥梁构件，第二项为按照顺序阅读碑文上的诗句。手柄交互测试组的被试人员则利用手柄的射线完成同样的交互任务。该实验的目的在于在一个高保真的虚拟交互场景中，通过对比测试评估眼动交互模式的交互效率和用户体验。

在搜索桥梁结构的实验中，被试人员根据系统的提示寻找特定的桥梁构件，当视线停留在正确的桥梁构件上1.5秒以后，则判定为完成该构件的搜索任务。为了避免被试人员对桥梁结构知识认知差异对测试结果产生影响，在正式执行测试任务之前，系统为被试人员展示了7种桥梁构件的造型特征和相应的名称。这项实验目的在于评估用户从无序分布的视觉信息中搜索并选择某一特定信息的执行效率。

系统的程序记录下两组被试人员完成7种桥梁构建的搜索任务所用的时间：眼动交互测试组32名被试人员平均用时170秒，手柄交互测试组32名被试人员平均用时161.2秒。经过独立样本t检验的数据分析，这两组的平均用时不存在显著的差异（F=0.212,P=0.470, P<0.05）。课题组在被试人员完成了实验后，进行了访谈和用户问卷调研，其结果显示在桥梁构建搜索的任务中，用户更多的时间被用于对问题的记忆和理解，以及对桥梁结构的探索，而搜索和确认动作在其中所占用时间的比例较小。

组统计				
组别	个案数	平均值	标准差	标准误差平均值
1	32	170.0059	51.47668	9.09988
2	32	161.1956	45.30772	8.00935

表6-6　桥梁结构的实验结果数据

在碑文诗句阅读的交互实验中，当用户注视御碑亭碑文诗句时，被注视的诗句按自上而下、从右至左的顺序依次高亮激活，并在耳机中出现对应诗文的语音朗诵。这项实验的目的在于评估用户对有序分布的视觉信息进行阅读行为的执行效率和用户体验。

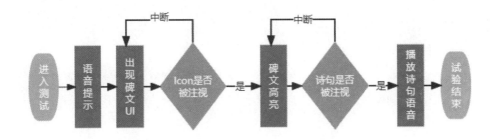

图6-10　碑文诗句阅读实验系统交互流程

图6-11　碑文诗句阅读实验虚拟场景

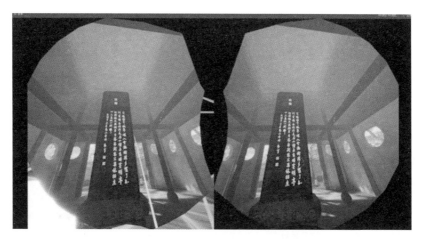

图6-12　碑文诗句阅读实验系统运行截图

在碑文阅读的测试中，眼动交互测试组所用的平均时间明显少于手柄交互测试组，统计数据分析具有显著的差异（$F=46.595,P=0.01$，$P<0.05$）。碑文阅读的交互任务较为单一，其中记忆和理解等认知行为参与较少，且阅读动作主要是由视觉认知完成，手柄的交互动作配合也是在视觉认知的基础上完成的。因此在这一类型的交互任务中眼动追踪具有更为直接和自然的交互体验。

组统计				
组别	个案数	平均值	标准差	标准误差平均值
1	32	32.5428	7.20532	1.27373
2	32	95.6759	28.97858	5.12274

表6-7　碑文阅读的实验结果数据

在完成了6项交互测试试验后，眼动交互测试组和手柄交互测试组的被试人员被要求填写一份调研问卷表。该问卷表共21个问题，其中包括性别、年龄以及对VR的使用经历，更主要的内容是针对VR交互测试的主观感受，其中包括身体的疲惫程度、交互的轻松程度、交互体验的自然程度以及交互模式的趣味程度。每一种主观感受设置了7级分值选项，两组测试人员的问卷内容分别针对眼动交互和手柄交互模式而设置。

根据问卷结果的统计数据分析可以看出，眼动交互和手柄交互在交互效率的主观感受上以及交互过程的信息明确程度上没有显著的差异，而在交互模式的趣味性以及交互过程的轻松程度上更偏向于眼动交互模式。在完成相同的交互任务过程中眼动交互和手柄交互具有基本相同的交互功能和执行效率，但是眼动交互给到用户更为轻松有趣的交互体验。

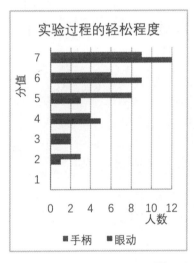 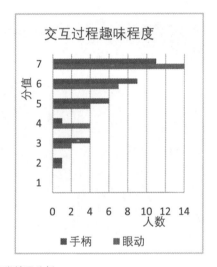

图6-13 问卷结果分析

6.6.7 眼动交互实验结论

在本课题的研究中我们构建了两个虚拟交互场景并在其中进行了六项交互体验测试，进行了HMD中眼动交互模式与较为成熟的手柄交互模式的对比测试。我们评估了在HMD中眼动交互模式的交互效率和用户体验，通过实验数据的分析我们明确了在建筑空间尺度的虚拟交互场景中优化交互体验的关键数据。我们通过在建筑遗产高保真虚拟场景中的测试，探索了在较为复杂的认知行为过程中眼动交互对于视觉认知过程所能够起到的辅助作用。

实验结果验证了HMD中的眼动追踪交互是虚拟交互场景中一种可行的自然交互模式，通过合理地设计眼动追踪交互能够给用户提供更为自然和轻松的交互体验。通过实验数据的量化分析我们关注到眼动追踪交互中对象物体的大小比例、凝视反馈的时间，以及适当的交互反馈提示等三种因素能够明显地改善眼动追踪交互的执行效率和用户体验。

1. 从用户的第一人称视点观察，当虚拟场景中的视觉元素其可视范围的比例大于5.5°视角，眼动追踪的视线能够较为稳定且明确地判断其作为视觉注视的对象。

2. 眼动追踪交互中通过凝视交互对象以激活下一步交互动作的时间变量一直是一个难以界定的交互设计因素，经过测试数据的分析我们判断出1—1.25秒的凝视时间是一个比较平衡的数值，既能够避免Midas Touch问题，也能够在交互中获得较为理想的执行效率。

3. 在眼动追踪过程中很多案例都有明确的标记点实时显示视觉注视的焦点，我们在实验中发现视觉注视焦点的显示会干扰用户的视觉认知过程，影响眼动追踪的效率。实验数据表明以对被注视物体进行高亮的显示，对用户的视觉搜索过程进行反馈提示，能够取得较好的用户体验，并提高眼动追踪过程中搜索和指向的效率。

在建筑遗产的高保真虚拟交互场景中，用户面对较为复杂的交互任务和信息内容，用户的行为包括了理解、记忆、搜索、识别及决策等认知过程。眼动追踪交互主要参与视知觉相关的认知过程，虚拟场景中的交互行为大多是建立在视知觉的基础上的，先有视觉的搜索、指向和选择，然后才会有后续的交互动作，因此用眼动追踪直接参与交互过程能够有效地减少交互流程提高交互效率。经过本课题的测试与评估，我们也认识到在虚拟场景的交互中搜索、阅读及识别等视觉认知过程中，眼动追踪的应用能够有效地实现辅助信息的显示，同时解放用户的双手，减少大量交互任务过程中肢体的疲劳。在交互系统中参与交互过程的信息视觉元素应当更多地与三维场景相结合，避免过多使用不必要的界面视觉元素，从而导致界面元素在视觉上干扰眼动追踪交互的进程。交互过程中的用户行为提示，以及大量的文本信息以语音信息的形式与眼动追踪相配合，能够得到更好的用户体验。

本课题的研究结果有助于虚拟交互系统的开发者对眼动追踪交互模式有更为清晰的开发思路，实现HMD中更为有效的自然交互体验，同时也为虚拟交互系统中的人工智能开发提供了有价值的参考。

1. 范小凤 . 清帝南巡与惠山名胜的保护培育传统研究 ［D］. 天津：天津大学 , 2016.

2. 黄晓 . 凤谷行窝考：锡山秦氏寄畅园早期沿革 ［J］. 建筑史 ,2011(00):107-125.

3. 高大伟，张龙 . 无锡惠山祠堂群文化景观形成动因探析 ［J］. 中国园林 ,2013,29(12):117-120.

4. 黄晓，刘珊珊 . 明代后期秦燿寄畅园历史沿革考 ［J］. 建筑史 ,2012(01):112-135.

5. 朱蓉，查娜，李镇国 . 无锡古桥梁建筑艺术特色研究 ［J］. 创意与设计 ,2013(06):83-87.

6. 黄建军 . 康熙南巡与江南文坛生态之构建 ［J］. 求索 ,2011,No.228(08):191-193.

7. 霍玉敏 . 康熙、乾隆南巡异同考 ［J］. 河南科技大学学报（社会科学版）,2009,27(05):26-30.

8. 倪季良 . 乾隆帝无锡游踪 ［J］. 江南论坛 ,1995(02):59-60.

9. Rahaman H, Kiang T B. Digital heritage interpretation: learning from the realm of real-world ［J］. Journal of Interpretation Research, 2017, 22(2): 53-64.

10. 李太然, 杨勤, 陈亦珂. 基于真实世界隐喻的虚拟现实用户界面范式研究及应用［J］. 包装工程, 2018,39(24):256-263.

11. 刘玉磊, 马艳阳, 徐伯初, 支锦亦. 基于过程体验的信息反馈交互设计［J］. 包装工程,2018,39(14):95-101.

12. Zhang X, Liu X, Yuan S M, et al. Eye tracking based control system for natural human-computer interaction［J］. Computational intelligence and neuroscience, 2017, 2017.

13. Li F, Lee C H, Feng S, et al. Prospective on eye-tracking-based studies in immersive virtual reality［C］//2021 IEEE 24th International Conference on Computer Supported Cooperative Work in Design (CSCWD). IEEE, 2021: 861-866.

14. 郑玉玮, 王亚兰, 崔磊. 眼动追踪技术在多媒体学习中的应用:2005—2015 年相关研究的综述［J］. 电化教育研究,2016,37(04):68-76+91.

15. M, S, Castelhano, et al. Viewing task influences eye movement control during active scene perception［J］. Journal of Vision, 2009, 9(3):1-15.

16. Robert J. K. Jacob. 1991. The use of eye movements in human-computer interaction techniques: What you look at is what you get. ACM Trans. Inf. Syst. 9, 2 (1991), 152–169. 由于视线焦点的移动也能够分析出思维和行为的意图, 眼动追踪被广泛应用于人机交互中的用户体验分析（Stephen R. H. Langton, Roger J. Watt, and Vicki Bruce. 2000. Do the eyes have it? Cues to the direction of social attention. Trends Cogn. Sci. 4, 2 (2000), 50–59.

17. Bulling Andreas,Ward Jamie-A.,Gellersen Hans,. Eye Movement Analysis for Activity Recognition Using Electrooculography［J］. IEEE Trans. Pattern Anal. Mach. Intell., 2011, 33(4): 741-753.

18. Ahmed, A. P. H. M., & Abdullah, S. H. (2019). A survey on human eye-gaze tracking (EGT) system "a comparative study". Iraqi Journal of Information Technology. V, 9(3), 2018.

19. Maike Scholtes, Philipp Seewald, and Lutz Eckstein. 2018. Implementation and evaluation of a gaze-dependent invehicle driver warning system. In Proceedings of the International Conference on Applied Human Factors and Ergonomics. 895–905.

20. Blattgerste J, Renner P, Pfeiffer T. Advantages of eye-gaze over head-gaze-based selection in virtual and augmented reality under varying field of views［C］//Proceedings of the Workshop on Communication by Gaze Interaction. 2018: 1-9.

21. Kytö M, Ens B, Plumsomboon T, et al. Pinpointing: Precise head-and eye-based target selection for augmented reality［C］//Proceedings of the 2018 CHI Conference on Human Factors in Computing Systems. 2018: 1-14.

22. Jalaliniya S, Mardanbeigi D, Pederson T, et al. Head and eye movement as pointing modalities for eyewear computers［C］//2014 11th International Conference on Wearable and Implantable Body Sensor Networks Workshops. IEEE, 2014: 50-53.

23. Galais T, Delmas A, Alonso R. Natural interaction in virtual reality: impact on the cognitive load［C］//Adjunct Proceedings of the 31st Conference on l'Interaction Homme-Machine. 2019: 1-9.

24. Gao Z, Li J, Dong M, et al. Human–System Interaction Based on Eye Tracking for a Virtual Workshop［J］. Sustainability, 2022, 14(11): 6841.

25. Joo H J, Jeong H Y. A study on eye-tracking-based Interface for VR/AR education platform［J］. Multimedia Tools and Applications, 2020, 79: 16719-16730.

26. Vörös G, Verő A, Pintér B, et al. Towards a smart wearable tool to enable people with SSPI to communicate by sentence fragments［C］//Pervasive Computing Paradigms for Mental Health: 4th International Symposium, MindCare 2014, Tokyo, Japan, May 8-9, 2014, Revised Selected Papers 4. Springer International Publishing, 2014: 90-99.

27. Plopski, A., Hirzle, T., Norouzi, N., Qian, L., Bruder, G., & Langlotz, T. (2022). The eye in extended reality: A survey on gaze interaction and eye tracking in head-worn extended reality. ACM Computing Surveys (CSUR), 55(3), 1-39.

28. Jae-Young Lee, Hyung-Min Park, Seok-Han Lee, Tae-Eun Kim, and Jong-Soo Choi. 2011. Design and implementation of an augmented reality system using gaze interaction. In Proceedings of the International Conference on Information Science and Applications. 1–8.

29. Rayner Keith. Eye movements and attention in reading,sceneperception,and visual search［J］. The Quarterly Journal of Experimental Psychology, 2009, 62(8): 1457-1506.

30. 冯成志, 沈模卫. 视线跟踪技术及其在人机交互中的应用[J]. 浙江大学学报（理学版）,2002(02):225-232.

31. Ludwig Sidenmark and Hans Gellersen. 2019. Eye&Head: Synergetic eye and head movement for gaze pointing and selection. In Proceedings of the Annual ACM Symposium on User Interface Software and Technology. 1161–1174.

32. Manu Kumar, Terry Winograd, Terry Winograd, and Andreas Paepcke. 2007. Gaze-enhanced scrolling techniques. In Proceedings of the SIGCHI Conference Extended Abstracts on Human Factors in Computing Systems. 2531–2536.

33. Austin Erickson, Nahal Norouzi, Kangsoo Kim, Ryan Schubert, Jonathan Jules, Joseph J. LaViola, Gerd Bruder, and Gregory F. Welch. 2020. Sharing gaze rays for visual target identification tasks in collaborative augmented reality. J.Multimodal User Interfaces 14, 4 (2020), 353–371.